大数据与人工智能技术丛书

数据挖掘技术

微课视频版

◎ 杨晓波 主编

清华大学出版社

北京

内 容 简 介

本书完整、全面地讲述数据挖掘的概念、方法、技术和近期新研究的进展,重点论述数据预处理、频繁模式挖掘、分类和聚类等内容,还全面讲述 OLAP 和数据挖掘常用算法,并研讨数据挖掘体系结构及其重要的应用领域。

本书共 7 章:第 1 章是数据挖掘概述;第 2 章对数据挖掘进行历史回顾并介绍目前的研究现状;第 3 章着重讨论数据挖掘的常用算法和工具;第 4 章分析数据挖掘的体系结构,第 5 章介绍数据挖掘技术在相关领域的应用情况;第 6 章分析数据挖掘的研究方向和发展趋势;第 7 章介绍 Python 数据挖掘的实操案例。本书除第 7 章外每章后均附有习题。

本书是一本适用于"数据分析""数据挖掘""知识发现"课程的教材,可以作为高等学校信息管理、数理统计等专业的本科生或研究生的专业课教材,也可以作为各类相关培训班的教材,还可以作为数据挖掘和知识发现领域的研究人员、开发人员的参考书。

图书在版编目(CIP)数据

数据挖掘技术:微课视频版/杨晓波主编.—北京:清华大学出版社,2024.1
(大数据与人工智能技术丛书)
ISBN 978-7-302-65144-4

Ⅰ.①数… Ⅱ.①杨… Ⅲ.①数据采集 Ⅳ.①TP274

中国国家版本馆 CIP 数据核字(2023)第 252997 号

责任编辑:黄 芝 李 燕
封面设计:刘 键
责任校对:申晓焕
责任印制:刘海龙

出版发行:清华大学出版社
      网 址:https://www.tup.com.cn,https://www.wqxuetang.com
      地 址:北京清华大学学研大厦 A 座   邮 编:100084
      社 总 机:010-83470000   邮 购:010-62786544
      投稿与读者服务:010-62776969,c-service@tup.tsinghua.edu.cn
      质量反馈:010-62772015,zhiliang@tup.tsinghua.edu.cn
      课件下载:https://www.tup.com.cn,010-83470236
印 装 者:三河市龙大印装有限公司
经 销:全国新华书店
开 本:185mm×260mm   印 张:11.75   字 数:274 千字
版 次:2024 年 1 月第 1 版   印 次:2024 年 1 月第 1 次印刷
印 数:1~1500
定 价:49.80 元

产品编号:099269-01

前　言

　　本书本着循序渐进、理论联系实际的原则,内容以适量、实用为度,注重理论知识的运用,着重培养学生应用理论知识分析和解决实际问题的能力。本书力求叙述简练,概念清晰,通俗易懂,便于自学。对于算法分析,做到思路清楚,分析正确,在案例的选择上更接近实际应用并具有典型性,是一本体系创新、深浅适度、重在应用、注重能力培养的应用型本科教材。

　　本书共 7 章,主要内容包括:数据挖掘的基本概念、数据挖掘的历史回顾和研究现状、数据挖掘的常用算法和工具、数据挖掘的体系结构、数据挖掘技术的应用、数据挖掘的研究方向和发展趋势、Python 数据挖掘的实操案例。

　　本书是一本适用于"数据分析""数据挖掘""知识发现"课程的教材,可以作为高等学校信息管理、数理统计等专业的本科生或研究生的专业课教材,也可以作为各类相关培训班的教材,还可以作为数据挖掘和知识发现领域的研究人员、开发人员的参考书。

　　本书第 1、2 章由唐军芳老师编写,第 3、4 章由杨晓波老师编写,第 5～7 章由崔倩芳和任设东老师编写。本书由杨晓波担任主编,完成全书的修改及统稿。

　　在本书的编写过程中得到浙江树人大学信息科技学院的大力支持,在此表示衷心的感谢。

　　由于编者水平有限,书中不当之处在所难免,欢迎广大同行和读者批评指正。

编　者

2023 年 8 月

目 录

扫码下载
源码

第1章

数据挖掘概述

【本章要点】

1. 数据挖掘的定义。
2. 数据挖掘一般挖掘的信息。
3. 数据挖掘的作用。
4. 数据挖掘越来越受重视的原因。

观看视频

1.1 什么是数据挖掘

随着数据库技术的不断发展及数据库管理系统的广泛应用,数据库中存储的数据量急剧增大,在大量的数据背后隐藏着许多重要的信息,如果能把这些信息从数据库中抽取出来,将为公司创造很多潜在的利润,数据挖掘(Data Mining)概念就是从这样的商业角度提出的。

人们在日常生活中经常会遇到这样的情况:超市的经营者希望将经常购买的商品放在一起,以增加销售额;保险公司想知道购买保险的客户的一般特征;医学研究人员希望从已有的成千上万份病历中找出患某种疾病的症状特征,从而为治愈这种疾病提供一些帮助。

对于以上问题,现有信息管理系统中的数据分析工具无法给出答案。无论是查询、统计还是报表,其处理方式都是对指定的数据进行简单的数据处理,这些数据所包含的内在信息无法提取。随着信息管理系统的广泛应用,人们希望能够提供更高层次的数据分析功能,从而更好地对决策提供支持。

正是为了满足这种要求，需要从大量数据中提取出隐藏在其中的有用信息，应用于大型数据库的数据挖掘技术得到了长足的发展。

数据挖掘是从大量的数据中抽取出潜在的、不为人知的有用信息、模式和趋势。确切地说，数据挖掘又称数据库中的知识发现（Knowledge Discovery in Database，KDD），是指从大型数据库或数据仓库中提取隐含的、未知的、非平凡的及有潜在应用价值的信息或模式，它是数据库研究中的一个很有应用价值的新领域，融合了数据库、人工智能、机器学习、统计学等多个领域的理论和技术。

通过收集、加工和处理涉及消费者消费行为的大量信息，确定特定消费群体或个体的兴趣、消费习惯、消费倾向和消费需求，进而推断出相应消费群体或个体下一步的消费行为，然后以此为基础，对识别出来的消费群体进行特定内容的定向营销，这与传统的不区分消费者对象特征的大规模营销手段相比，大大节省了营销成本，提高了营销效果，从而为企业带来更多的利润。

综上所述，数据挖掘的目的是提高市场决策能力，检测异常模式，在过去的经验基础上预言未来趋势等。

数据挖掘不同的术语和定义：Data Mining（数据挖掘）、Knowledge Discovery（知识发现）、Pattern Discovery（模式发现）、Data Dredging（数据挖掘）、Knowledge（知识）、Data Archeology（数据探宝）。关于数据挖掘的定义，一般是指从大量的数据中通过算法搜索隐藏于其中信息的过程。

1.2 挖掘哪种信息

商业消费信息来自市场中的各种渠道。例如，每当我们用信用卡消费时，商业企业就可以在信用卡结算过程中收集商业消费信息，记录下消费的时间、地点、感兴趣的商品或服务、愿意接受的价格水平和支付能力等数据；当我们在申办信用卡、办理汽车驾驶执照、填写商品保修单等需要填写表格的场合时，我们的个人信息就存入了相应的业务数据库；企业除了自行收集相关业务信息之外，还可以从其他公司或机构购买此类信息为自己所用。

这些来自各种渠道的数据信息被组合，应用超级计算机、并行处理、神经元网络、模型化算法和其他信息处理技术手段进行处理，从中得到商家用于向特定消费群体或个体进行定向营销的决策信息。这种数据信息是如何应用的呢？举一个简单的例子，当银行通过对业务数据进行挖掘后，发现一个银行账户持有者突然要求申请双人联合账户，并且确认该消费者是第一次申请联合账户，银行会推断该用户可能要结婚了，它就会向该用户定向推销购买房屋、支付子女学费等长期投资业务。

在市场经济比较发达的国家和地区，许多公司都开始在原有信息系统的基础上通过数据挖掘对业务信息进行深加工,以构筑自己的竞争优势,扩大自己的营业额。美国运通(American Express)公司有一个用于记录信用卡业务的数据库,数据量达到 5.4×10^9 个字符,并且随着业务进展仍在不断更新。运通公司通过对这些数据进行挖掘,制定了"关联结算(Relationship Billing)优惠"的促销策略,即如果一个顾客在一个商店用运通卡购买一套时装,那么在同一个商店再买一双鞋,就可以得到比较大的折扣,这样既可以增加商店的销售量,也可以增加运通卡在该商店的使用率。再如,居住在伦敦的持卡消费者如果最近刚刚乘英国航空公司的航班去过巴黎,那么他可能会得到一个周末前往纽约的机票打折优惠卡。

1.3　数据挖掘能做什么

数据挖掘涉及的学科领域和方法很多,以下 4 种是非常重要的发现任务。

1. 数据抽取

数据抽取的目的是对数据进行浓缩,给出它的紧凑描述。数据挖掘主要从数据泛化的角度来讨论数据抽取。数据泛化是一种把数据库中的有关数据从低层次抽象到高层次的过程。

2. 分类

分类的目的是学会一个分类函数或分类模型(也称作分类器),该模型能把数据库的数据项映射到给定类别中的某一个。

3. 聚类

聚类是把一组个体按照相似性归类,即"物以类聚"。它的目的是使属于同一类别的个体之间的距离尽可能小,而不同类别的个体间的距离尽可能大。

4. 关联规则

关联规则是形式如下的一种规则,"在购买面包和黄油的顾客中,有 90% 的人同时也买了牛奶"(面包+黄油+牛奶)。关联规则发现的思路还可以用于序列模式发现。用户在购买物品时,除了具有上述关联规律外,还有时间或序列上的规律。

1.4　前途光明的数据挖掘技术

随着 KDD 在学术界和工业界的影响越来越大,国际 KDD 组委会于 1995 年把专题讨论会更名为国际会议,在加拿大蒙特利尔市召开了第一届 KDD 国际学术会议,此后每年召开一次。近年来,KDD 在研究和应用方面发展迅速,尤其是在商业和银行领域的应用速度比研究还要快。

目前,国外数据挖掘的发展趋势在研究方面主要包括:对知识发现方法的研究的进一步发展,如近年来注重对 Bayes(贝叶斯)方法以及 Boosting 方法的研究和提高,传统的统计学回归法在 KDD 中的应用,KDD 与数据库的紧密结合;在应用方面包括:KDD 商业软件工具不断产生和完善,注重建立解决问题的整体系统,而不是孤立的过程。用户主要集中在大型银行、保险公司、电信公司和销售业。国外很多计算机公司非常重视数据挖掘的开发应用,IBM 和微软都成立了相应的研究中心进行这方面的工作。此外,一些公司的相关软件也开始在国内销售,如 Platinum、BO 以及 IBM。

国内从事数据挖掘研究的人员主要在大学,也有部分在研究所或公司。所涉及的研究领域很多,一般集中于学习算法的研究、数据挖掘的实际应用以及有关数据挖掘理论方面的研究。目前进行的大多数研究项目是由政府资助进行的,如国家自然科学基金、863 计划、"九五"计划等,但还没有关于国内数据挖掘产品的报道。

一份最近的 Gartner 报告中列举了在今后 3~5 年内对工业将产生重要影响的 5 项关键技术,其中 KDD 和人工智能排名第一。同时,这份报告将并行计算机体系结构研究和 KDD 列入今后 5 年内公司应该投资的 10 个新技术领域。

可以看出,数据挖掘的研究和应用在学术界和实业界越来越受重视。进行数据挖掘的开发并不需要太多的积累,国内软件厂商如果进入该领域,将处于和国外公司实力相差不是很多的起跑线上,并且,现在关于数据挖掘的一些研究成果可以在 Internet 上免费获取,这更是一个可以利用的条件。我们希望数据挖掘能够引起国内实业界更多的重视,同时也希望能够有更多的国内软件厂商进入该领域,一起推动数据挖掘技术在中国的应用。

习题

1. 什么是数据挖掘?
2. 数据挖掘能挖掘的信息有哪些?
3. 数据挖掘主要解决哪些问题?
4. 数据挖掘技术为何受到学术界和实业界的重视?

第 2 章

数据挖掘的历史回顾与研究现状

【本章要点】

1. 数据挖掘的发展历史。
2. 数据挖掘的研究现状。
3. 数据挖掘的主要研究方向。

观看视频

2.1 历史回顾

数据挖掘技术是人们长期对数据库技术进行研究和开发的结果。起初各种商业数据是存储在计算机的数据库中的，然后发展到可对数据库进行查询和访问，进而发展到对数据库的即时遍历。数据挖掘使数据库技术进入了一个更高级的阶段，它不仅能对过去的数据进行查询和遍历，还能够找出过去的数据之间的潜在联系，从而促进信息的传递。

研究数据挖掘的历史可以发现，数据挖掘的快速增长是和商业数据库的空前速度增长分不开的，并且 20 世纪 90 年代较为成熟的数据仓库正广泛地应用于各种商业领域。从商业数据到商业信息的进化过程中，每一步前进都是建立在上一步的基础上的。表 2.1 给出了数据进化的 4 个阶段，从中可以看到，第 4 步进化是革命性的，因为从用户的角度来看，这一阶段的数据库技术已经可以快速回答商业上的很多问题了。

数据挖掘的核心模块技术历经了数十年的发展，其中包括数理统计、人工智能、机器学习。今天，这些成熟的技术，加上高性能的关系数据库引擎以及广泛的数据集成，让数据挖掘技术在当前的数据仓库环境中进入了实用的阶段。

表 2.1 数据进化的 4 个阶段对比

进化阶段	商业问题	支持技术	产品厂家	产品特点
数据搜集（20世纪 60 年代）	过去 5 年中我的总收入是多少？	计算机、磁带和磁盘	IBM、CDC	提供历史性的、静态的数据信息
数据访问（20世纪 80 年代）	在新英格兰的分部去年三月的销售额是多少？	关系数据库（RDBMS）、结构化查询语言（SQL）、ODBC	Oracle、Sybase、Informix、IBM、Microsoft	在记录级提供历史性的、动态数据信息
数据仓库、决策支持（20世纪 90 年代）	在新英格兰的分部去年三月的销售额是多少？波士顿据此可得出什么结论？	联机分析处理（OLAP）、多维数据库、数据仓库	Pilot、Comshare、Arbor、Cognos、Microstrategy	在各种层次上提供回溯的、动态的数据信息
数据挖掘（正在流行）	下个月波士顿的销售会怎么样？为什么？	高级算法、多处理器计算机、海量数据库	Pilot、Lockheed、IBM、SGI 以及其他初创公司	提供预测性的信息

计算机技术的另一领域——人工智能自 1956 年诞生之后取得了重大进展。经历了博弈时期、自然语言理解、知识工程等阶段，目前的研究热点是机器学习。机器学习是用计算机模拟人类学习的一门科学，比较成熟的算法有神经网络、遗传算法等。

用数据库管理系统来存储数据，用机器学习的方法来分析数据，挖掘大量数据背后的知识，这两者的结合促成了 KDD 的产生。实际上，数据库中的知识发现是一门交叉性学科，涉及机器学习、模式识别、统计学、智能数据库、知识获取、数据可视化、高性能计算、专家系统等多个领域。从数据库中挖掘出来的知识可以用在信息管理、过程控制、科学研究、决策支持等许多方面。

1989 年 8 月在美国底特律召开的第 11 届国际人工智能联合会议的专题讨论会上首次出现 KDD 这个术语。随后在 1991 年、1993 年和 1994 年都举行过 KDD 专题讨论会，汇集了来自各个领域的研究人员和应用开发者，集中讨论数据统计、海量数据分析算法、知识表示、知识运用等问题。随着参与人员不断增多，KDD 国际会议发展成为年会。1998 年在美国纽约举行的第 4 届知识发现与数据挖掘国际学术会议不仅进行了学术讨论，并且有 30 多家软件公司展示了它们的数据挖掘软件产品，不少软件已在北美、欧洲等得到应用。在我国，许多单位也已开始进行数据挖掘技术的研究，但还没有看到数据挖掘技术在我国成功应用的案例。

2.2 研究现状

近十几年来，人们利用信息技术生产和搜集数据的能力大幅度提高，无数个数据库被用于商业管理、政府办公、科学研究和工程开发等，这一势头仍将持续发展下去。于是,一个新的挑战被提了出来:在这被称为信息爆炸的时代,信息过量几乎成为人人需要面对的问题。如何才能不被信息的汪洋大海所淹没,从中及时发现有用的知识,提高信息利用率呢?要想使数据真正成为一个公司的资源,只有充分利用它为公司自身的业务决策和战略发展服务才行,否则大量的数据可能成为包袱,甚至成为垃圾。因此,面对"人们被数据淹没,人们却饥饿于知识"的挑战,数据挖掘和知识发现(Data Mining and Knowledge Discovery,DMKD)技术应运而生,并得以蓬勃发展,越来越显示出强大的生命力。

特别要指出的是,数据挖掘技术从一开始就是面向应用的。它不仅面向特定数据库的简单检索、查询、调用,还要对这些数据进行微观、中观乃至宏观的统计、分析、综合和推理,以指导实际问题的求解,企图发现事件间的相互关联,甚至利用已有的数据对未来的活动进行预测。例如加拿大 BC 省电话公司要求加拿大 Simon Fraser 大学 KDD 研究组,根据它十多年来拥有的客户数据,总结、分析并提出新的电话收费和管理办法,制定既有利于公司又有利于客户的优惠政策。美国著名国家篮球队 NBA 的教练,利用某公司提供的数据挖掘技术,临场决定替换队员,一度在数据库界被传为佳话。这样一来,就把人们对数据的应用从低层次的末端查询操作提高到为各级经营决策者提供决策支持。这种需求驱动力比数据库查询更为强大。同时需要指出的是,这里所说的知识发现不是要求发现放之四海而皆准的真理,也不是要求发现崭新的自然科学定理和纯数学公式,更不是什么机器定理证明,所有发现的知识都是相对的,是有特定前提和约束条件、面向特定领域的,同时还要易于被用户理解,最好能用自然语言表达发现结果。因此,DMKD 的研究成果非常注重实际应用。1997 年第 3 届 KDD 国际学术大会上进行的实实在在的数据挖掘工具的竞赛评奖活动就是一个生动的证明。最近,还有不少 DMKD 产品用来筛选 Internet 上的新闻,保护用户不受无聊电子邮件的干扰和商业推销,受到极大的欢迎。

KDD 一词首次出现在 1989 年 8 月举行的第 11 届国际联合人工智能学术会议上。迄今为止,由美国人工智能协会主办的 KDD 国际研讨会已经召开了 7 次,规模由原来的专题讨论会发展到国际学术大会,参与人数也由二三十人增加到七八百人,论文收录比例从 2:1 到 6:1,研究重点也逐渐从发现方法转向系统应用,并且注重多种发现策略和技术的集成,以及多种学科之间的相互渗透。其他领域的专题会议也把数据挖掘和知识发现列为议题之一,成为当前计算机科学界的一大热点。

1997 年,在新加坡组织的第一次规模较大的 PAKDD 学术研讨会很有特色。1998 年在澳大利亚墨尔本召开的 PAKDD'98 已经收到 150 多篇论文,热情空前高涨。

此外,数据库、人工智能、信息处理、知识工程等领域的国际学术刊物也纷纷开辟了 KDD 专题或专刊。IEEE 的 *Knowledge and Data Engineering*(知识与数据工程)会刊在 1993 年率先出版了 KDD 技术专刊,其中发表的 5 篇论文代表了当时 KDD 研究的最新成果和动态,较全面地论述了 KDD 系统方法论、发现结果的评价、KDD 系统设计的逻辑方法,集中讨论了鉴于数据库的动态性冗余、高噪声和不确定性、空值等问题,KDD 系统与其他传统的机器学习、专家系统、人工神经网络、数理统计分析系统的联系和区别,以及相应的基本对策。其中的 6 篇论文摘要展示了 KDD 在从建立分子模型到设计制造业的具体应用。

不仅如此,在 Internet 上还有不少 KDD 电子出版物,其中以半月刊 *Knowledge Discovery Nuggets*(知识发现掘金)最为权威,如果要免费订阅,只需向 http://www.kdnuggets.com/subscribe.html 发送一份电子邮件即可。此外,还可以下载各种数据挖掘工具软件和典型的样本数据仓库,供人们测试和评价。另一份在线周刊为 DS^*(DS 代表决策支持),于 1997 年 10 月 7 日开始出版。有兴趣的读者可向 dstrial@tgc.com 提出免费订阅申请。在网上还有一个自由论坛 DM Email Club,人们通过电子邮件相互讨论 DMKD 的热点问题。

至于 DMKD 书籍,可以在任何计算机书店找到十多本,但大多带有商业色彩。笔者建议感兴趣的读者阅读由美国 AAA/MIT 在 1996 年出版的 *Advances in Knowledge Discovery and Data Mining* 一书。当前,世界上比较有影响的典型数据挖掘系统包括 Cover Story、EXPLORA、Knowledge Discovery Workbench、DB Miner、Quest 等。

随着 DMKD 研究逐步深入,人们越来越清楚地认识到,DMKD 的研究主要有 3 个技术支柱,即数据库、人工智能和数理统计。

数据库技术在经过了 20 世纪 80 年代的辉煌之后,已经在各行各业成为一种数据库文化或时尚,数据库界目前除了关注分布式数据库、面向对象数据库、多媒体数据库、查询优化和并行计算等技术外,已经开始反思。数据库实质的应用只是查询吗?理论根基最深的关系数据库本质的技术进步点就是数据存放和数据使用之间的相互分离。查询是数据库的奴隶,发现才是数据库的主人;数据只为职员服务,不为老板服务! 这是很多单位的领导在热心数据库建设后发出的感叹。

一方面,由于数据库文化的迅速普及,用数据库作为知识源具有坚实的基础;另一方面,对于一个感兴趣的特定领域——客观世界,先用数据库技术将其形式化并组织起来,就会大大提高知识获取起点,以后从中发掘或发现的所有知识都是针对该数据库而言的。因此,在需求的驱动下,很多数据库学者转向对数据仓库和数据挖掘的研究,从对演绎数据库的研究转向对归纳数据库的研究。

专家系统曾经是人工智能研究工作者的骄傲。专家系统实质上是一个问题求解系统,目前的主要理论工具是基于谓词演算的机器定理证明技术——二阶演绎系统。领域专家长期以来面向一个特定领域的经验世界,通过人脑的思维活动积累了大量有用的信息。

首先,在研制一个专家系统时,知识工程师要从领域专家那里获取知识,这一过程实质上是归纳过程,是非常复杂的个人到个人的交互过程,有很强的个性和随机性。因此,知识获取成为专家系统研究中公认的瓶颈问题。

其次,知识工程师在整理表达从领域专家那里获得的知识时,用 if-then 等类的规则表达约束性太大,用常规数理逻辑来表达社会现象和人的思维活动局限性太大,也太困难,勉强抽象出来的规则有很强的工艺色彩,差异性极大,知识表示又成为一大难题。

最后,即使某个领域的知识通过一定手段获取并表达了,这样做成的专家系统对常识和百科知识也会出奇的贫乏,而人类专家的知识是以拥有大量常识为基础的。人工智能学家 Feigenbaum 估计,一般人拥有的常识存入计算机大约有 100 万条事实和抽象经验法则,离开常识的专家系统有时会比傻子还傻。例如战场指挥员会根据"在某地发现一只刚死的波斯猫"的情报很快断定敌高级指挥所的位置,而再好的军事专家系统也难以顾全到如此的信息。

以上这三大难题大大限制了专家系统的应用,使得专家系统目前还停留在构造诸如发动机故障论断一类的水平上。人工智能学者开始着手基于案例的推理,尤其是从事机器学习的科学家们,不再满足自己构造的小样本学习模式的象牙塔,开始正视现实生活中大量的、不完全的、有噪声的、模糊的、随机的大数据样本,也走上了数据挖掘的道路。

数理统计是应用数学中最重要、最活跃的学科之一,它在计算机发明之前就诞生了,迄今已有几百年的发展历史。如今相当强大有效的数理统计方法和工具已成为信息咨询业的基础。信息时代,咨询业更为发达。然而,数理统计和数据库技术结合得并不算快,数据库查询语言(SQL)中的聚合函数的功能极其简单就是一个证明。咨询业用数据库查询数据远远不够。一旦人们有了从数据查询到知识发现、从数据演绎到数据归纳的要求,概率论和数理统计就获得了新的生命力,所以才会在 DMKD 这个结合点上立即呈现出"忽如一夜春风来,千树万树梨花开"的繁荣景象。一向以数理统计工具和可视化计算闻名的美国 SAS 公司率先宣布进入 DMKD 行列。

数据挖掘所能发现的知识有如下几种:广义型知识,反映同类事物共同性质的知识;特征型知识,反映事物各方面特征的知识;差异型知识,反映不同事物之间属性差别的知识;关联型知识,反映事物之间依赖或关联的知识;预测型知识,根据历史的和当前的数据推测未来数据的知识;偏离型知识,揭示事物偏离常规的异常现象的知识。所有这些知识都可以在不同的概念层次上被发现,随着概念树的提升,从微观到中观再到宏观,以满足不同用户、不同层次决策的需要。例如,从一家超市的数据仓库中,可以发现的一条典型关联规则可能是"买面包和黄油的顾客十有八九也买牛奶",也可能是"买食品的顾客几乎都用信用卡",这种规则对于商家开发和实施客户化的销售计划和策略是非常有用的。至于发现工具和方法,常用的有分类、聚类、模式识别、可视化、决策树、遗传算法、不确定性处理等。

当前,DMKD 研究方兴未艾,预计在 21 世纪还会形成更大的高潮,研究焦点可能会集中到以下几方面：研究专门用于知识发现的数据挖掘语言，也许会像 SQL 语言一样走向形式化和标准化；寻求数据挖掘过程中的可视化方法，使得知识发现的过程能够被用户理解，也便于在知识发现的过程中进行人机交互；研究在网络环境下的数据挖掘技术，特别是在 Internet 上建立 DMKD 服务器，与数据库服务器配合，实现数据挖掘；加强对各种非结构化数据的挖掘，如文本数据、图形图像数据、多媒体数据。但是，无论怎样，需求牵引，市场驱动是永恒的，DMKD 将首先满足信息时代用户的急需，大量基于 DMKD 的决策支持软件工具产品将会问世。

近年来，随着计算机科学领域的快速发展，数据挖掘技术作为一种新兴的学科，其研究热度逐渐升温，研究的水平也在逐步提高，同时由于国家的政策支持与资金支持，越来越多的数据专业研究者被吸引加入其中。数据挖掘技术未来研究的主要方向包括：

（1）参照 SQL 语言的标准化的研究成果，对数据挖掘技术进行形式化的描述，即发现数据语言。

（2）为实现关于数据挖掘技术人机交互工作的顺利开展，应满足用户对知识发现过程的可视化进程。

（3）研究在计算机领域的数据挖掘技术的发展，可以通过数据挖掘服务器的有效配合来实现。

数据挖掘技术是面向应用的。数据挖掘的研究有力地促进了数据挖掘技术应用的发展与推广。在当今，数据的信息量是非常庞大的，我们所获得的大量实验数据的观测如果只是依靠一些比较传统的分析数据的工具，是非常不靠谱的。所以，对一些具有强大功能且具有自动化的工具的需求就越来越迫切了，这显然推动了数据挖掘技术的发展，并在一定程度上取得了重要的成果。随着研究的深入，数据挖掘技术的应用越来越广泛，主要集中在以下几个方面：

（1）健康医疗领域。随着医院信息系统和健康网站的发展，医疗活动、医学研究和健康信息行为中的数据被存储下来，形成了海量的健康医疗大数据。这类数据的数据量大，存储形式多样，难以用传统数据处理方法进行处理，由于数据挖掘能够分析海量异构数据，因此越来越多地被应用于健康医疗领域，针对相关的生物医学与 DNA 所分析的数据进行挖掘。数据挖掘技术在基因工程中的染色体分析、基因序列的识别分析、基因表达路径分析、基因表达相似性分析，以及制药、生物信息和科学研究等方面都有广泛的应用。

（2）金融领域。因为金融投资一般都存在着很大的风险，所以我们在进行投资和决策的时候，就需要对投资方向相关的数据进行分析，我们现在不但可以对所获取的一些信息进行加工和处理，还可以对市场进行预测。此外，数据挖掘技术广泛应用于银行的存款贷款趋势预测，以优化存款贷款策略和投资组合。

（3）零售业。在零售业，运用数据挖掘技术不但可以在一定程度上了解相关消费者的消费倾向,从而迎合消费者的口味,制定出更加接地气的市场政策,以提高销售额,而且可以适当地预测行业状况。例如,数据挖掘技术被用来进行分析购物篮来协助货架设置,安排促销商品组合和促销时间商业活动。

(4)保险业。我们知道,保险业是一种风险性巨大的业务。相关的研究表明,数据挖掘技术的运用不但可以预测相关风险性,而且可以在一定程度上为保险业务工作者提供正确的方向。很明显,这是非常有利于保险业的持续性发展的。

(5)商务管理。数据挖掘技术被用于分析客户的行为,对客户进行分类,以此进一步针对客户流失、客户利润、客户响应等方面进行分析,最终优化客户关系管理。

习题

1. 从数据进化的 4 个阶段,分析数据挖掘的核心思想。
2. 知识发现作为数据挖掘的重要应用,如何与人工智能相结合?
3. 数据挖掘所能发现的知识种类有哪些?
4. 数据挖掘技术的未来研究方向有哪些?
5. 数据挖掘技术主要应用在哪些领域?试举例说明。

第 3 章

数据挖掘的常用算法和工具

观看视频

【本章要点】

1. 数据挖掘与数据仓库和数据集市的区别与联系。
2. 数据挖掘理论知识。
3. 数据挖掘的常用算法。
4. 数据挖掘的工具。

3.1 数据仓库、数据集市与数据挖掘的关系

3.1.1 数据仓库

仓库是来自多个源的数据的存储库,它可通过 Internet 将不同的数据库连接起来,并将数据全部或部分复制到一个数据存储中心。数据仓库倾向于一个逻辑的概念,它建立在一定数量的数据库之上,这些数据库在物理上可以是分开的,甚至可以属于不同的国家。数据仓库通过 Internet 打破了地域界线,将数据库合成一个逻辑整体,把一个海量的数据库展现在用户面前。数据仓库作为服务于企业级的应用,概括来说为用户提供了以下 4 个方面的优越性:

(1) 减轻系统负担,简化日常维护和管理。

(2) 改进数据的完整性、兼容性和有效性。

(3) 提高数据存取的效率。

（4）提供简单、统一的查询和报表机制。

数据仓库的应用开始于 1995 年。随着面向对象技术在数据库领域的应用，出现了面向对象数据仓库技术，例如 HP 公司 1996 年 5 月底发布的 HPDEPOT/J 面向对象的动态仓库技术。与典型的数据仓库系统不同，HPDEPOT/J 动态仓库并不要求把数据复制到一个数据存储中心，所有的数据还在它原来的存储地，从而避免了对额外磁盘存储设施和相关的行政管理费用的需求。HPDEPOT/J 动态仓库技术不仅增进了公司数据在转变成 Internet/Intranet 可用数据过程中的安全性，在此基础上还可把来自多个领域的数据存储资料和商业逻辑连接起来，生成商业对象，Java 程序设计员可以用这个对象产生交互的 Web 页和其他应用程序。数据类型兼容的问题在 HPDEPOT/J 中也得到了很好的解决，它能和几乎所有的数据库相连，包括 Sybase、Oracle、Informix 和 IBM 的数据库。

3.1.2 数据集市

数据仓库作为企业级应用，其涉及的范围和投入的成本常常是巨大的，它的建设很容易形成高投入、慢进度的大项目。这一切都是部门/工作组所不希望看到和不能接受的。部门/工作组要求在公司内部获得一种适合自身应用、容易使用，且自行定向、方便高效的开放式数据接口工具。与数据仓库相比，这种工具应更紧密集成、拥有完整的图形用户接口和更吸引人的价格。正是部门/工作组的这种需求使数据集市应运而生。然而，业界在数据集市应该是怎样的问题上意见不一，各公司对它的定义差别极大。目前，对于数据集市大家普遍能接受的描述简要概括为：数据集市是一种更小、更集中的数据仓库，它为公司提供了一条部门/工作组级的分析商业数据的廉价途径。数据集市应该具备的特性包括：规模小、面向特定的应用、面向部门/工作组、快速实现、投资规模小、易使用、全面支持异种机平台等。用户可根据自己的需求，以自己的方式来建立数据集市。不论是以自上而下还是自下而上的方式建立数据集市，最重要的都是保证数据集市间能相互对话，彼此不能沟通的数据集市是没用的。另外，允许人们经 WWW 访问数据集市，使之为更多的用户提供数据访问，也是必不可少的功能。当前，全世界对数据仓库总投资的一半以上在数据集市上。

IBM 和 Sybase 公司 1997 年第一季度携手推出的数据集市方案，其硬件以 IBMRS/6000 为基础，软件采用 SybaseQuickStartDataMart。该方案集成了功能强大的决策支持数据库服务器，以及用来从大型机系统和其他业务系统汲取数据的工具软件和多种供用户选择的查询工具软件。该数据集市方案提供了快速统计和分析数据的能力，帮助用户迅速将业务数据转换为企业竞争情报，利用已有的数据获得重要的竞争优势或找到进入新市场的解决途径。而不甘落后的 Oracle 公司于 1997 年 11 月正式发售其首先运行在

Windows NT 环境上的数据集市套件 DataMartSuite 市场销售版。Oracle 数据集市套件 DataMartSuite 市场销售版是一种全面的解决方案，即便是毫无此方面工作经验的用户，也可以极方便地安装和使用。现在的用户已不满足于功能单一的产品，他们需要的是更全面、集成所有必需技术的工具包产品，而 Oracle 数据集市套件正是针对这种需求而专门设计的。

3.1.3 数据挖掘

数据挖掘是从数据库或数据仓库中发现并提取隐藏在其中的信息的一种新技术。它建立在数据库，尤其是数据仓库的基础之上，面向非专业用户，定位于桌面，支持即兴的随机查询。数据挖掘技术能自动分析数据，对它们进行归纳性推理和联想，寻找数据间内在的某些关联，从中发掘出潜在的、对信息预测和决策行为起着重要作用的模式，从而建立新的业务模型，以达到帮助决策者制定市场策略，做出正确决策的目的。数据挖掘技术涉及数据库、人工智能（Artificial Intelligence，AI）、机器学习、神经计算和统计分析等多种技术，它使决策支持系统（Decision Supporting System，DSS）跨入了一个新的阶段。

1996 年 12 月，美国 Business Objects 公司宣布推出业界面向主流商业用户的数据挖掘解决方案——BusinessMiner。BusinessMiner 采用了基于直觉决定的树状技术，提供了简单易懂的数据组织形式，使用图形化方式描述数据关系，通过百分比和流程表等简单易用的用户界面告诉用户有关的数据信息。BusinessMiner 能对从数据仓库中传来的数据自动地进行挖掘分析工作，剖析任意层面数据的内在联系，最终确定商业发展趋势和规律。

3.2 数据挖掘理论简介

本节以美国 SAS 数据挖掘系统为例介绍数据挖掘理论。目前很多企业或组织已经有了成功的 MIS 系统、CMIS 系统，或者有了大量卓有成效的过程控制系统，甚至是办公自动化系统。其中的数据体系对应着一项项事务处理和一个个控制环节，它们定能完善地支持其原有的工作。当用户从企业级的角度来审视，并想进一步分析处理时，可能会感到这些数据过于分散，数量越来越大，并且难以整合。美国数据挖掘技术开拓者 Gregory Piatetsky-Shapiro 曾戏言说："原来曾希望计算机系统成为我们智慧的源泉，但从中涌出的却是洪水般的数据！"其实不必埋怨数据太多，也不必埋怨原来的数据结构不好，它们是适应原有工作任务的，只是不适合用户现在的要求而已。要支持用户的企业级决策，就需要"洪水般的数据"，但是要面向企业级的工作任务进行重组。SAS 有连续两年获奖的数据仓库系统支持用户进行数据重组,并以全新的数据、信息的结构形式支持用户全新的工作方式。建立数据仓库就是进一步有成效地进行数据挖掘的基础。

要看清企业或组织运作的状况,第一步就是能查询到反映用户所关心的事情的相应数据、信息。以 SAS 的多维数据库产品 MDDB 构造的数据仓库从物理结构上保证了用户查询的速度以及方便性。E. F. Codd 在提出联机分析处理(Online Analytical Processing,OLAP)概念时,多维数据结构是实现其任务的第一项要求。一些简单的决策支持所需要的就是有针对性的数据。在数据重组后的数据仓库中还建立了所谓的数据市场(Data Mart),它就可以针对决策支持的需要而设计,其中还可综合不同层次的汇总数据和跨数据仓库主题的数据。

SAS 软件研究所对数据挖掘所下的定义是:数据挖掘是按照既定的业务目标,对大量的企业数据进行探索,揭示其中隐藏的规律性并进一步将之模型化的先进、有效的方法。

对数据的探索、挖掘首先要有一个明确的业务目标。一组生产数据可进行生产能力的分析,可进行生产成本核算的分析,也可进行影响产品质量诸因素的分析。目标决定了此后数据挖掘过程的各种运作,并导引了运作的方向。虽然说数据挖掘的业务目标在过程中不是不可修正的,也应当在工作进程中不断地进一步明确化,但其基本原则内容要保持稳定不变,否则数据挖掘工作是难以有效地进行的。

这里所指的大量企业数据最好是按照数据仓库的概念重组过的,在数据仓库中的数据、信息才能最有效地支持数据挖掘。假如所取用的数据并不足以反映企业的真实情况,当然也不可能挖掘出有用的规律。数据仓库的数据重组,首先是从企业正在运行的计算机系统中完整地将数据取出来。所谓完整,首先决策支持目标所涉及的各个环节不能有遗漏,其次各个环节的数据要按一定的规则有机、准确地衔接起来。从决策支持的主题来看,这些重新组织过的数据以极易取用的数据结构方式全面地描述了该主题。

有了反映业务主题全貌的数据后,在进行数据的分析、探索时,对于不同的人,可能会采用不同的方式和方法。Gartner Group 在评价数据挖掘工具时,也特别提到了面对各种不同类型的人员的可伸缩性和完整性。SAS 支持各层次的用户:

(1)业务水平和数学水平比较一般的人员,对这样的用户提供方便的数据查询是非常重要的。实际上早期的决策支持主要就是对数据查询的支持,可能也要做一些简单的数理统计分析。若统计分析的要求是较明确的,则可以事先做好,向用户提供统计分析的结果。这些可以做成 SAS 数据仓库中的信息市场(Information Mart)。对应用户随机的需求,应当提供方便进行菜单式选择的工具。

(2)业务水平较高,但数学水平一般,且没有时间和兴趣再钻研数学方法的人员。除了以上资源外,还应提供能简便地实现各种常用的数理统计的工具,让用户不必受累于繁杂的过程,通过简单的需求设定即可执行他们需要的操作。

（3）有计算机和数学知识，但对业务的熟悉程度一般的人员。对他们要提供较全面的数据处理工具，如数理统计、聚类分析、决策树、人工神经元网络方面的工具。

（4）对有很深计算机和数学造诣的数据分析专家，不仅要提供上述环境，还要提供实现各种算法的工具和开发平台。

SAS 系统提供了适合各类人员使用的既完整又有伸缩性的模块化的工具。

通过探索和模型化所得的结果可分成两种类型：一种是描述型的，另一种是预测型的。描述型的结果是指通过数据挖掘量化地搞清了业务目标的现状。例如在原来的工艺规程允许的范围内，生产出来的产品质量水平波动很大。通过数据挖掘找出了同一种产品在什么条件下产出的质量比较好，在什么条件下产出的质量比较差，同时通过数据挖掘描述清楚了产品质量高低的规律性，这就为修改原来的工艺规程提供了决策支持依据。

通过数据挖掘还可以建立企业或某个过程的各种不同类型的模型。这些模型不仅能描述当前的现状和规律，利用它还可以预测当条件变化后可能发生的状况。这就为企业开发新产品，甚至为企业业务重组提供了决策支持依据。

在世界走向信息化的今天，充分利用企业的信息资源，挖掘企业和所对应市场运作的规律性，以不断提高企业的经济效益，是先进企业的必由之路。世界有名的 Gartner Group 咨询顾问公司预计：不久的将来，先进的大企业将会设置"统一数据分析专家"的工作岗位。

在以 SAS 数据仓库和数据挖掘应用获奖的美国 LTV 钢铁公司阐述其获奖文章的题目是"DW＋DM＝＄aving"，即在企业中建立数据仓库进行数据挖掘就是挖取企业的经济效益。

正如你拿个镐在山上挖几下不能算是开采矿山一样，用数理统计方法或人工神经元网络进行数据分析也不能说是在进行数据挖掘。要开采矿山，首先要按照人类千百年来总结的经验所形成的理论规律来找矿；发现矿藏后，还要根据其实际地质情况，有针对性地采用相应的方法最有效地挖掘，才能获得有价值的宝藏。同样，要想有效地进行数据挖掘，必须有好的工具和一整套妥善的方法论。可以说在数据挖掘中，你采用的工具、使用工具的能力，以及在数据挖掘过程中的方法论，在很大程度上决定了你能开拓的成果。SAS 研究所不仅有丰富的工具供你选用，而且在多年的数据处理研究工作中积累了一套行之有效的数据挖掘方法论——SEMMA，通过使用 SAS 技术进行数据挖掘，我们愿意和你分享这些经验：

- Sample——数据抽样。
- Explore——数据特征探索、分析和预处理。
- Modify——问题明确化、数据调整和技术选择。
- Model——模型的研发、知识的发现。

- Assess——模型和知识的综合解释和评价。

1. Sample——数据抽样

当进行数据挖掘时,首先要从企业的大量数据中取出一个与你要探索的问题相关的样板数据子集,而不是动用全部企业数据。这就像要开采出来矿石,首先要进行选矿一样。通过数据样本的精选,不仅能减少数据处理量,节省系统资源,还能通过数据的筛选,使你想要反映的规律性更加凸显出来。

在进行数据抽样时,要把好数据的质量关。在任何时候都不要忽视数据的质量,即使你是从一个数据仓库中进行数据抽样,也不要忘记检查其质量如何。因为通过数据挖掘是要探索企业运作的规律性的,如果原始数据有误,还谈什么从中探索规律性。若你真的从中探索出来了"规律性",再依此指导工作,则很可能是在进行误导。若你是从正在运行着的系统中进行数据抽样,则更要注意数据的完整性和有效性。再次提醒你在任何时候都不要忽视数据的质量,慎之又慎!

从巨大的企业数据母体中取出哪些数据作为样本数据呢? 这要依你所要达到的目标来分别采用不同的办法:如果你要进行过程的观察、控制,这时可进行随机抽样,然后根据样本数据对企业或其中某个过程的状况做出估计。SAS 不仅支持这一抽样过程,还可对所取出的样本数据进行各种例行的检验。若你想通过数据挖掘得出企业或其某个过程的全面规律性,则必须获得在足够广泛的范围变化的数据,以使其有代表性。你还应当从实验设计的要求来考察所抽样数据的代表性。这样才能通过此后的分析研究得出反映本质规律性的结果。利用它支持你进行决策才是真正有效的,并能使企业进一步获得技术、经济效益。

2. Explore——数据特征探索、分析和预处理

前面所叙述的数据抽样,多少是带着人们对如何达到数据挖掘目的的先验认识进行操作的。当我们拿到一个样本数据集后,它是否达到我们原来设想的要求,其中有没有什么明显的规律和趋势,有没有出现你从未设想过的数据状态,各因素之间有什么相关性,它们可分为哪些类别等,这些都是首先要探索的内容。

进行数据特征的探索、分析,最好能够进行可视化的操作。SA 有 SAS/INSIGHT 和 SAS/SPECTRAVIEW 两个产品给用户提供了可视化数据操作的强有力的工具、方法和图形。它们不仅能进行各种不同类型的统计分析显示,还能进行多维、动态甚至旋转的显示。

这里的数据探索就是我们通常进行的深入调查的过程。你最终要达到的目的可能是搞清多因素相互影响的、十分复杂的关系。但是,这种复杂的关系不可能一下子建立起来。一开始,可以先观察众多因素之间的相关性,再按其相关的程度了解它们之间相互作用的情况。这些探索、分析并没有一成不变的操作规律性,相反,要有耐心地反复试

探,仔细观察。在此过程中,你原来的专业技术知识是非常有用的,它会帮助你进行有效的观察。但是,你也要注意,不要让你的专业知识束缚了你对数据特征观察的敏锐性,可能实际存在着你的先验知识认为不存在的关系。假如你的数据是真实可靠的话,那么你绝对不要轻易地否定数据呈现给你的新关系,很可能在这里就发现了新知识。有了它,也许会引导你在此后的分析中得出比原有的认识更加符合实际规律性的知识。假如在你的操作中出现了这种情况,应当说,你的数据挖掘已挖到了有效的矿脉。

在这里要提醒你的是要有耐心,做几种分析,就发现重大成果是不大可能的。所幸的是,SAS 向你提供了强有力的工具,它可跟随你的思维,可视化、快速地做出反应,免除了数学的复杂运算过程和编制结果展现程序的烦恼以及对你思维的干扰。这就使你的数据分析过程集聚于你的业务领域,并使你的思维保持一个集中的较高级的活动状态,从而加速你的思维过程,提高你的思维能力。

3. Modify——问题明确化、数据调整和技术选择

通过上述两个步骤的操作,你对数据的状态和趋势可能有了进一步的了解。对你原来要解决的问题可能会更加明确,这时要尽可能对解决问题的要求进一步量化。问题越明确,越能进一步量化,问题就向解决它的方向多前进一步。这是十分重要的。因为原来的问题很可能是诸如质量不好、生产率低等模糊的问题,没有问题的进一步明确,你简直无法进行有效的数据挖掘操作。

在问题进一步明确的基础上,你就可以按照问题的具体要求来审视你的数据集,看它是否适应你的问题需要。Gartner Group 在评论当前一些数据挖掘产品时特别强调指出:在数据挖掘的各个阶段,数据挖掘的产品都要使所使用的数据和所建立的模型处于十分易于调整、修改和变动的状态,这样才能保证数据挖掘有效地进行。

针对问题的需要可能要对数据进行增删,也可能要按照你对整个数据挖掘过程的新认识组合或者生成一些新的变量,以体现对状态的有效描述。SAS 对数据强有力的存取、管理和操作的能力保证了对数据的调整、修改和变动的可能性。若使用了 SAS 的数据仓库产品技术,则可以进一步保证有效、方便地进行这些操作。

在问题进一步明确,数据结构和内容进一步调整的基础上,下一步数据挖掘应采用的技术手段就更加清晰、明确了。

4. Model——模型的研发、知识的发现

这一步是数据挖掘工作的核心环节。虽然数据挖掘模型化工作涉及非常广阔的技术领域,但对 SAS 研究所来说并不是一件新鲜事。自从 SAS 问世以来,就一直是统计模型市场领域的领头羊,而且年年提供新产品,并以这些产品体现业界技术的最新发展。按照 SAS 提出的 SEMMA 方法论走到这一步时,你对应采用的技术已有了较明确的方向,你的数据结构和内容也有了充分的适应性。SAS 在这时向你提供了充分的可选择的技术手段,如广泛的数理统计方法、人工神经元网络、决策树等。

正如 Gartner Group 评论中所指出的:数理统计方法还是数据挖掘工作中最常用的技术手段。SAS 的 SAS/STAT 软件包覆盖了所有的数理统计方法,并成为国际上统计分析领域的标准软件。SAS/STAT 提供了十多个过程可进行各种不同类型模型、不同特点数据的回归分析,如正交回归、响应面回归、Logistic 回归、非线性回归等,且有多种形式的模型化方法可供选择。可处理的数据有实型数据、有序数据和属性数据,并能产生各种有用的统计量和诊断信息。在方差分析方面,SAS/STAT 为多种试验设计模型提供了方差分析工具,它还有处理一般线性模型和广义线性模型的专用过程。在多变量统计分析方面,SAS/STAT 为主成分分析、典型相关分析、判别分析和因子分析提供了许多专用过程。SAS/STAT 提供多种聚类准则的聚类分析方法,可利用其进行生存分析等对客户保有程度分析特别有用的分析。同时,SAS/ETS 提供了丰富的计量经济学和时间序列分析方法,是研究复杂系统和进行预测的有力工具。它提供方便的模型设定手段以及多样的参数估计方法。实际上,SAS 的数理统计工具不仅能揭示企业已有数据间的新关系、隐藏着的规律性,还能反过来预测它的发展趋势,或是在一定条件下将会出现什么结果。

SAS 以 GUI 式的友好界面提供了人工神经元网络的应用环境。一般情况下,人工神经元网络对数据处理的要求比较多,在处理上资源的消耗也比较大。但在 SAS 的集成环境下,有规范的数据维护、管理机制,可在诸如 Client/Server 等综合调度环境中运行,这就保证了你的人工神经元网络应用更顺畅地实现。

人工神经元网络和决策树的方法结合起来可用于从相关性不强的多变量中选出重要的变量。SAS 还支持卡方自动交叉检验(Chi-Squared Automatic Interaction Detector,CHAID),分类和回归树(Classification And Regression Tree,CART)的软件包也即将交付使用。在你的数据挖掘中使用哪一种方法,用 SAS 软件包中的什么方法来实现,这主要取决于你的数据集的特征和你要实现的目标。实际上,这种选择也不一定是唯一的。好在 SAS 软件的运行效率十分高,你不妨多试几种方法,从实践中选出最适合你的方法和软件。

随着业界方法研究的进展,SAS 会不断向你提供实现它们的软件包,这将支持你的数据挖掘工作可持续地发展。

5. Assess——模型和知识的综合解释和评价

从上述过程中将会得出一系列的分析结果、模式或模型。若能得出一个直接的结论当然很好,但更多时候会得出对目标问题多侧面的描述。这时就要能很好地综合它们的影响规律性,提供合理的决策支持信息。所谓合理,实际上往往是要你在所付出的代价和达到预期目标的可靠性的平衡上做出选择。假如在你的数据挖掘过程中就预见到最后要进行这样的选择的话,那么你最好把这些平衡的指标尽可能地量化,以利于你的综合抉择。

你提供的决策支持信息适用性如何,这显然是十分重要的问题。除了在数据处理过程中 SAS 软件提供给你的许多检验参数外,评价的一种办法是直接使用你原来建立模型的样板数据来进行检验。假如这一关就不能通过的话,那么你的决策支持信息的价值就不太大了。一般来说,在这一步应得到较好的评价。这说明你确实从这批数据样本中挖掘出了符合实际的规律性。

另一种办法是另外找一批数据,已知这些数据是反映客观实际的规律性的。这次的检验效果可能会比前一种差,差多少是要注意的。如果差到你不能容忍的程度,就要考虑第一次构建的样本数据是否具有充分的代表性,或是模型本身不够完善。这时候可能要对前面的工作进行反思了。如果这一步也得到了肯定的结果,那么你的数据挖掘应得到很好的评价。

还有一种办法是在实际运行的环境中取出新鲜数据进行检验。例如在一个应用实例中就进行了一个月的现场实际检验。

3.3 数据挖掘的常用算法

数据挖掘涉及的学科领域和方法很多,有多种分类法。根据挖掘任务,可分为分类或预测模型发现,数据抽取、聚类、关联规则发现,序列模式发现,依赖关系或依赖模型发现,异常和趋势发现等;根据挖掘对象,可分为关系数据库、面向对象数据库、空间数据库、时态数据库、文本数据源、多媒体数据库、异质数据库、遗产数据库以及环球网 Web;根据挖掘方法,可粗分为机器学习方法、统计方法、神经网络方法和数据库方法。在机器学习中,可细分为归纳学习方法(决策树、规则归纳等)、基于范例学习、遗传算法等。在统计方法中,可细分为回归分析(多元回归、自回归等)、判别分析(贝叶斯判别、费希尔判别、非参数判别等)、聚类分析(系统聚类、动态聚类等)、探索性分析(主元分析法、相关分析法等)等。在神经网络方法中,可细分为前向神经网络(BP 算法等)、自组织神经网络(自组织特征映射、竞争学习等)等。数据库方法主要是多维数据分析或 OLAP 方法,另外还有面向属性的归纳方法。

这里将主要从挖掘任务和挖掘方法的角度讨论数据抽取、分类发现、聚类和关联规则发现等常用算法。

3.3.1 数据抽取

数据抽取的目的是对数据进行浓缩,给出它的紧凑描述。传统的也是最简单的数据抽取方法是计算出数据库的各个字段上的求和值、平均值、方差值等统计值,或者用直方图、饼状图等图形方式表示。数据挖掘主要从数据泛化的角度来讨论数据抽取。数据泛化是一种把数据库中的有关数据从低层次抽象到高层次的过程。由于数据库上的数据或对象所包含的信息总是最原始、基本的信息(这是为了不遗漏任何可能有用的数据信息),人们有时希望能从较高层次的视图上处理或浏览数据,因此需要对数据进行不同层次的泛化以适应各种查询要求。数据泛化目前主要有两种技术:多维数据分析方法和面向属性的归纳方法。

多维数据分析方法是一种数据仓库技术,也称作联机分析处理。数据仓库是面向决策支持的、集成的、稳定的、不同时间的历史数据集合。决策的前提是数据分析。在数据分析中经常要用到诸如求和、总计、平均、最大、最小等汇集操作,这类操作的计算量特别大。因此,一种很自然的想法是,把汇集操作结果预先计算并存储起来,以便于决策支持系统的使用。存储汇集操作结果的地方称作多维数据库。多维数据分析技术已经在决策支持系统中获得了成功的应用,如著名的 SAS 数据分析软件包、Business Object 公司的决策支持系统 Business Object 以及 IBM 公司的决策分析工具都使用了多维数据分析技术。

采用多维数据分析方法进行数据抽取,针对的是数据仓库,数据仓库存储的是脱机的历史数据。为了处理联机数据,研究人员提出了一种面向属性的归纳方法。它的思路是,直接对用户感兴趣的数据视图(用一般的 SQL 查询语言即可获得)进行泛化,而不是像多维数据分析方法那样预先存储好了泛化数据。方法的提出者将这种数据泛化技术称为面向属性的归纳方法。原始关系经过泛化操作后得到的是一个泛化关系,它从较高的层次上总结了在低层次上的原始关系。有了泛化关系后,就可以对它进行各种深入的操作而生成满足用户需要的知识,如在泛化关系基础上生成特性规则、判别规则、分类规则以及关联规则等。

在实际应用中,数据源较多采用的是关系数据库。从数据库中抽取数据一般有以下几种方式。

1. 全量抽取

全量抽取类似于数据迁移或数据复制,它将数据源中的表或视图的数据原封不动地从数据库中抽取出来,并转换成自己的 ETL 工具可以识别的格式。全量抽取比较简单。

2. 增量抽取

增量抽取指抽取自上次抽取以来数据库中要抽取的表中新增、修改、删除的数据。在 ETL 使用过程中,增量抽取比全量抽取应用更广。如何捕获变化的数据是增量抽取的关键。对捕获方法一般有两点要求:一是准确性,能够将业务系统中的变化数据准确地捕获到;二是性能,尽量减少对业务系统造成太大的压力,影响现有的业务。在增量数据的抽取中,常用的捕获变化数据的方法如下。

（1）触发器：在要抽取的表上建立需要的触发器，一般要建立插入、修改、删除3个触发器，每当源表中的数据发生变化时，就被相应的触发器将变化的数据写入一个临时表，抽取线程从临时表中抽取数据。触发器方式的优点是数据抽取的性能较高，缺点是要求在业务数据库中建立触发器，对业务系统有一定的性能影响。

（2）时间戳：它是一种基于递增数据比较的增量数据捕获方式，在源表上增加一个时间戳字段，在系统中更新、修改表数据的时候，同时修改时间戳字段的值。当进行数据抽取时，通过比较系统时间与时间戳字段的值来决定抽取哪些数据。有的数据库的时间戳支持自动更新，即表的其他字段的数据发生改变时，自动更新时间戳字段的值。有的数据库不支持时间戳的自动更新，这就要求业务系统在更新业务数据时，手工更新时间戳字段。同触发器方式一样，时间戳方式的性能也比较好，数据抽取相对清楚简单，但对业务系统有很大的倾入性（加入额外的时间戳字段），特别是对不支持时间戳的自动更新的数据库，还要求业务系统进行额外的更新时间戳操作。另外，无法捕获对时间戳以前数据的删除和更新操作，在数据准确性上受到了一定的限制。

（3）全表比对：典型的全表比对的方式是采用 MD5 校验码。ETL 工具事先为要抽取的表建立一个结构类似的 MD5 临时表，该临时表记录源表主键以及根据所有字段的数据计算出来的 MD5 校验码。每次进行数据抽取时，对源表和 MD5 临时表进行 MD5 校验码的比对，从而决定源表中的数据是新增、修改还是删除，同时更新 MD5 校验码。MD5 方式的优点是对源系统的倾入性较小（仅需要建立一个 MD5 临时表），但缺点也是显而易见的，与触发器和时间戳方式中的主动通知不同，MD5 方式是被动地进行全表数据的比对，性能较差。当表中没有主键或唯一列且含有重复记录时，MD5 方式的准确性较差。

（4）日志对比：通过分析数据库自身的日志来判断变化的数据。Oracle 的改变数据捕获（Changed Data Capture，CDC）技术是这方面的代表。CDC 技术的特性是在 Oracle 的 9i 数据库中引入的。CDC 技术能够帮助你识别从上次抽取之后发生变化的数据。利用 CDC 技术，在对源表进行插入、更新或删除等操作的同时就可以提取数据，并且变化的数据被保存在数据库的变化表中。这样就可以捕获发生变化的数据，然后利用数据库视图以一种可控的方式提供给目标系统。CDC 体系结构基于发布者/订阅者模型。发布者捕捉变化的数据并提供给订阅者。订阅者使用从发布者那里获得的变化的数据。通常，CDC 系统拥有一个发布者和多个订阅者。发布者首先需要识别捕获变化的数据所需的源表。然后，它捕捉变化的数据并将其保存在特别创建的变化表中。它还使订阅者能够控制对变化数据的访问。订阅者需要清楚自己感兴趣的是哪些变化的数据。一个订阅者可能不会对发布者发布的所有数据都感兴趣。订阅者需要创建一个订阅者视图来访问经发布者授权可以访问的变化的数据。CDC 分为同步模式和异步模式。同步模式实时地捕获变化的数据并存储到变化表中，发布者与订阅位于同一个数据库中。异步模式则是基于 Oracle 的流复制技术。

ETL 处理的数据源除了关系数据库外,还可能是文件,例如 TXT 文件、Excel 文件、XML 文件等。对文件数据的抽取一般是进行全量抽取,一次抽取前可保存文件的时间戳或计算文件的 MD5 校验码,下次抽取时进行比对,如果相同,则可忽略本次抽取。

3.3.2 分类发现

分类在数据挖掘中是一项非常重要的任务,目前在商业上应用最多。分类的目的是学会一个分类函数或分类模型(也常称作分类器),该模型能把数据库中的数据项映射到给定类别中的某一个。分类和回归都可用于预测。预测的目的是从历史数据记录中自动推导出对给定数据的推广描述,从而能对未来的数据进行预测。和回归方法不同的是,分类的输出是离散的类别值,而回归的输出则是连续数值。这里我们不讨论回归方法。

要构造分类器,需要有一个训练样本数据集作为输入。训练集由一组数据库记录或元组构成,每个元组是一个由有关字段(又称属性或特征)值组成的特征向量,此外,训练样本还有一个类别标记。一个具体样本的形式可为 $(v_1, v_2, \cdots, v_n; c)$,其中 v_i 表示字段值,c 表示类别。

分类器的构造方法有统计方法、机器学习方法、神经网络方法等。统计方法包括贝叶斯法和非参数法(近邻学习或基于事例的学习),对应的知识表示则为判别函数和原型事例。机器学习方法包括决策树法和规则归纳法,前者对应的表示为决策树或判别树,后者一般为产生式规则。神经网络方法主要是 BP 算法,它的模型表示是前向反馈神经网络模型(由代表神经元的节点和代表连接权值的边组成的一种体系结构),BP 算法本质上是一种非线性判别函数。另外,最近又兴起了一种新的方法:粗糙集(Rough Set),其知识表示是产生式规则。

不同的分类器有不同的特点。有 3 种分类器评价或比较尺度:一是预测准确度;二是计算复杂度;三是模型描述的简洁度。预测准确度是用得最多的一种比较尺度,特别是对于预测型分类任务,目前公认的方法是 10 折交叉验证法。计算复杂度依赖于具体的实现细节和硬件环境,在数据挖掘中,由于操作对象是巨量的数据库,因此空间和时间的复杂度问题将是非常重要的一个环节。对于描述型的分类任务,模型描述越简洁越受欢迎。例如,采用规则表示的分类器构造法就更有用,而神经网络方法产生的结果就难以理解。

另外要注意的是,分类的效果一般和数据的特点有关,有的数据噪声大,有的有缺值,有的分布稀疏,有的字段或属性间的相关性强,有的属性是离散的,而有的是连续值或混合式的。目前普遍认为不存在某种方法适用于各种特点的数据。

　　所谓分类,简单来说,就是根据文本的特征或属性划分到已有的类别中。常用的分类算法包括决策树分类法、朴素贝叶斯分类(Native Bayesian Classifier)算法、基于支持向量机(Support Vector Machine,SVM)的分类器、神经网络法、k-最近邻(k-Nearest Neighbor,kNN)法、模糊分类法等。

1. 决策树

　　决策树是一种用于对实例进行分类的树状结构,一种依托于策略抉择而建立起来的树。决策树由节点(Node)和有向边(Directed Edge)组成。节点的类型有两种:内部节点和叶节点。其中,内部节点表示一个特征或属性的测试条件(用于分开具有不同特性的记录),叶节点表示一个分类。

　　一旦我们构造了一个决策树模型,以它为基础来进行分类将是非常容易的。具体的做法是,从根节点开始,对实例的某一特征进行测试,根据测试结果将实例分配到其子节点(也就是选择适当的分支),沿着该分支可能到达叶节点或者到达另一个内部节点时,就使用新的测试条件递归地执行下去,直到抵达一个叶节点。当到达叶节点时,我们便得到了最终的分类结果。

　　从数据产生决策树的机器学习技术叫作决策树学习,通俗点说就是决策树,这是一种依托于分类、训练的预测树,根据已知预测、归类未来。决策树学习示例如图 3.1 所示。

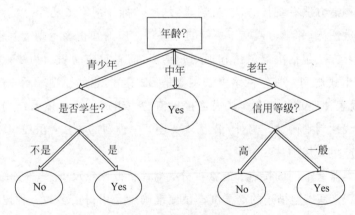

图 3.1　决策树学习示例

　　分类理论太过抽象,下面举两个浅显易懂的例子。

　　决策树分类的思想类似于找对象。现想象一个女孩的母亲要给这个女孩介绍男朋友,于是有了下面的对话。

　　女儿:多大年纪了?

　　母亲:26 岁。

　　女儿:长得帅不帅?

母亲：挺帅的。

女儿：收入高不高？

母亲：不算很高，中等情况。

女儿：是公务员不？

母亲：是，在税务局上班呢。

女儿：那好，我去见见。

这个女孩的决策过程就是典型的分类树决策。相当于通过年龄、长相、收入和是否公务员等将男人分为两个类别：见和不见。假设这个女孩对男人的要求是：30 岁以下、长相中等以上并且是高收入者或中等以上收入的公务员，那么最终满足这些条件的才会选择去见。

2. 贝叶斯

贝叶斯（Bayes）分类算法是一类利用概率统计知识进行分类的算法，如朴素贝叶斯（Naive Bayes）算法。这些算法主要利用贝叶斯定理来预测一个未知类别的样本属于各个类别的可能性，选择其中可能性最大的一个类别作为该样本的最终类别。由于贝叶斯定理的成立本身需要一个很强的条件独立性假设前提，而此假设在实际情况中经常是不成立的，因而其分类准确性就会下降。为此就出现了许多降低独立性假设的贝叶斯分类算法，如树增强朴素贝叶斯（Tree Augmented Naive Bayes，TAN）算法，它是在贝叶斯网络结构的基础上增加属性对之间的关联来实现的。

通常，事件 A 在事件 B 的条件下的概率，与事件 B 在事件 A 的条件下的概率是不一样的；然而，这两者有确定的关系，贝叶斯定理就是这种关系的陈述。

贝叶斯定理是指概率统计中的应用所观察到的现象对有关概率分布的主观判断（先验概率）进行修正的标准方法。当分析样本大到接近总体数时，样本中事件发生的概率将接近总体中事件发生的概率。

作为一个规范的原理，贝叶斯法则对于所有概率的解释是有效的；然而，频率主义者和贝叶斯主义者对于在应用中概率如何被赋值有着不同的看法：频率主义者根据随机事件发生的频率，或者总体样本里面的个数来赋值概率；贝叶斯主义者根据未知的命题来赋值概率。

贝叶斯统计中的两个基本概念是先验分布和后验分布。

先验分布是总体分布参数 θ 的一个概率分布。贝叶斯学派的根本观点认为，在关于总体分布参数 θ 的任何统计推断问题中，除了使用样本所提供的信息外，还必须规定一个先验分布，它是在进行统计推断时不可缺少的一个要素。他们认为先验分布不必有客观的依据，可以部分地或完全地基于主观信念。后验分布是根据样本分布和未知参数的先验分布，用概率论中求条件概率分布的方法，求出的在样本已知的情况下，未知参数的条件分布。因为这个分布是在抽样以后才得到的，故称为后验分布。贝叶斯推断方法的关键是任何推断都必须且只需根据后验分布，而不能再涉及样本分布。

贝叶斯公式为：

$$P(A \cap B) = P(A) \cdot P(B \mid A) = P(B) \cdot P(A \mid B)$$

$$P(A \mid B) = P(B \mid A) \cdot P(A)/P(B)$$

其中：

(1) $P(A)$是 A 的先验概率或边缘概率，称作"先验"是因为它不考虑 B 因素。

(2) $P(A|B)$是已知 B 发生后 A 的条件概率，也称作 A 的后验概率。

(3) $P(B|A)$是已知 A 发生后 B 的条件概率，也称作 B 的后验概率，这里称作似然度。

(4) $P(B)$是 B 的先验概率或边缘概率，这里称作标准化常量。

(5) $P(B|A)/P(B)$称作标准似然度。

贝叶斯法则又可表述为：

后验概率＝（似然度×先验概率）/标准化常量＝标准似然度×先验概率

$P(A|B)$随着 $P(A)$ 和 $P(B|A)$ 的增长而增长，随着 $P(B)$ 的增长而减少，即如果 B 独立于 A 时被观察到的可能性越大，那么 B 对 A 的支持度越小。

贝叶斯公式为利用搜集到的信息对原有判断进行修正提供了有效手段。在采样之前，经济主体对各种假设有一个判断（先验概率），关于先验概率的分布，通常可根据经济主体的经验判断确定（当无任何信息时，一般假设各先验概率相同），较复杂精确的可利用最大熵技术、边际分布密度以及相互信息原理等方法来确定先验概率分布。

3. 人工神经网络

人工神经网络（Artificial Neural Network，ANN）是一种应用类似于大脑神经突触连接的结构进行信息处理的数学模型。在这种模型中，大量的节点（或称神经元，或单元）之间相互连接构成网络，即神经网络，以达到处理信息的目的。神经网络通常需要进行训练，训练的过程就是网络进行学习的过程。训练改变了网络节点的连接权的值使其具有分类的功能，经过训练的网络就可用于对象的识别。

目前，神经网络已有上百种不同的模型，常见的有 BP 网络、径向基 RBF 网络、Hopfield 网络、随机神经网络（Boltzmann 机）、竞争神经网络（Hamming 网络、自组织映射网络）等。然而，当前的神经网络仍然普遍存在收敛速度慢、计算量大、训练时间长和不可解释等缺点。人工神经网络的基本结构如图 3.2 所示。

4. K 最近邻

K 最近邻算法是一种基于实例的分类方法。该方法就是找出与未知样本 x 距离最近的 K 个训练样本，看这 K 个样本中多数属于哪一类，就把 x 归为哪一类。K 最近邻算法是一种懒惰学习方法，它存放样本，直到需要分类时才进行分类，如果样本集比较复

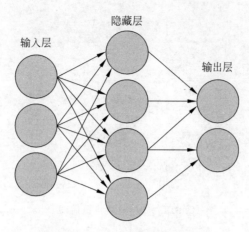

图 3.2 人工神经网络的基本结构

杂,可能会导致很大的计算开销,因此无法应用到实时性很强的场合。

5. 支持向量机

支持向量机(Support Vector Machine,SVM)的主要思想是建立一个最优决策超平面,使得该平面两侧距离该平面最近的两类样本之间的距离最大化,从而为分类问题提供良好的泛化能力。对于一个多维的样本集,系统随机产生一个超平面并不断移动,对样本进行分类,直到训练样本中属于不同类别的样本点正好位于该超平面的两侧,满足该条件的超平面可能有很多个,SVM 正是在保证分类精度的同时,寻找到这样一个超平面,使得超平面两侧的空白区域最大化,从而实现对线性可分样本的最优分类。

支持向量机中的支持向量(Support Vector)是指训练样本集中的某些训练点,这些点最靠近分类决策面,是最难分类的数据点。SVM 中的最优分类标准就是这些点距离分类超平面的距离达到最大值;"机"(Machine)是机器学习领域对一些算法的统称,常把算法看作一个机器或者学习函数。SVM 是一种有监督的学习方法,主要针对小样本数据进行学习、分类和预测,类似的根据样本进行学习的方法还有决策树归纳算法等。

SVM 有以下优点:

(1)不需要很多样本。这并不意味着训练样本的绝对量很少,而是说相对于其他训练分类算法,在同样的问题复杂度下,SVM 需求的样本相对是较少的。并且由于 SVM 引入了核函数,因此对于高维的样本,SVM 也能轻松应对。

(2)结构风险最小。这种风险是指分类器对问题真实模型的逼近与问题真实解之间的累积误差。

(3)非线性。是指 SVM 擅长应付样本数据线性不可分的情况,主要通过松弛变量(也叫惩罚变量)和核函数技术来实现,这一部分也正是 SVM 的精髓所在。

支持向量机概述图如图 3.3 所示。

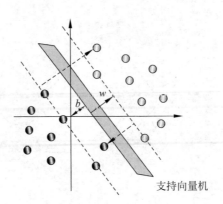

图 3.3　支持向量机概述图

6. 基于关联规则的分类

关联规则挖掘是数据挖掘中一个重要的研究领域。近年来，对于如何将关联规则挖掘用于分类问题，学者们进行了广泛的研究。关联分类方法挖掘形如 condset→C 的规则，其中 condset 是项（或属性-值对）的集合，而 C 是类标号，这种形式的规则称为类关联规则（Class Association Rules，CAR）。关联分类方法一般由两步组成：第一步用关联规则挖掘算法从训练数据集中挖掘出所有满足指定支持度和置信度的类关联规则；第二步使用启发式方法从挖掘出的类关联规则中挑选出一组高质量的规则用于分类。

3.3.3　聚类

聚类是把一组个体按照相似性归成若干类别，即"物以类聚"。它的目的是使得属于同一类别的个体之间的距离尽可能小，而不同类别的个体间的距离尽可能大。聚类分析的目标就是在相似的基础上收集数据来分类。聚类源于很多领域，包括数学、计算机科学、统计学、生物学和经济学。在不同的应用领域，很多聚类技术都得到了发展，这些技术方法被用作描述数据，衡量不同数据源间的相似性，以及把数据源分类到不同的簇中。聚类方法包括统计方法、机器学习方法、神经网络方法和面向数据库的方法。

在统计方法中，聚类称为聚类分析，它是多元数据分析的三大方法之一（其他两种是回归分析和判别分析）。它主要研究基于几何距离的聚类，如欧氏距离、明考斯基距离等。传统的统计聚类分析方法包括系统聚类法、分解法、加入法、动态聚类法、有序样品聚类法、有重叠聚类法和模糊聚类法等。这种聚类方法是一种基于全局比较的聚类，它需要考察所有的个体才能决定类的划分，因此它要求所有的数据必须预先给定，而不能动态增加新的数据对象。聚类分析方法不具有线性的计算复杂度，难以适用于数据库非常大的情况。

在机器学习中，聚类称作无监督或无教师归纳，因为和分类学习相比，分类学习的例子或数据对象有类别标记,而要聚类的例子则没有标记,需要由聚类学习算法来自动确定。在很多人工智能文献中,聚类也称作概念聚类,因为这里的距离不再是统计方法中的几何距离,而是根据概念的描述来确定的。当聚类对象可以动态增加时,概念聚类则称为概念形成。

在神经网络中,有一类无监督学习方法:自组织神经网络方法,如 Kohonen 自组织特征映射网络、竞争学习网络等。在数据挖掘领域,见报道的神经网络聚类方法主要是自组织特征映射方法,IBM 在其发布的数据挖掘白皮书中就特别提到了使用此方法进行数据库聚类分割。

聚类与分类的不同在于,聚类要求划分的类是未知的。聚类是将数据分类到不同的类或者簇的过程,所以同一个簇中的对象有很大的相似性,而不同簇间的对象有很大的相异性。

从统计学的观点来看,聚类分析是通过数据建模简化数据的一种方法。采用 k-均值、k-中心点等算法的聚类分析工具已被加入许多著名的统计分析软件包中,如 SPSS、SAS 等。

从机器学习的角度来讲,簇相当于隐藏模式。聚类是搜索簇的无监督学习过程。与分类不同,无监督学习不依赖预先定义的类或带类标记的训练实例,需要由聚类学习算法自动确定标记,而分类学习的实例或数据对象有类别标记。聚类是观察式学习,而不是示例式学习。

聚类分析是一种探索性的分析,在分类的过程中,人们不必事先给出一个分类的标准,聚类分析能够从样本数据出发,自动进行分类。聚类分析所使用方法的不同,常常会得到不同的结论。不同研究者对于同一组数据进行聚类分析,所得到的聚类数未必一致。

从实际应用的角度来看,聚类分析是数据挖掘的主要任务之一。此外聚类可以作为一个独立的工具获得数据的分布状况,观察每一簇数据的特征,并集中对特定的聚簇集进行进一步的分析。聚类分析还可以作为其他算法(如分类和定性归纳算法)的预处理步骤。下面介绍几种常用的聚类算法。

1. BIRCH 算法

BIRCH 是一个综合的层次聚类方法。它用聚类特征和聚类特征(Clustering Feature,CF)树来概括聚类描述。描述如下:

对于一个具有 N 个 d 维数据点的簇 $\{x_i\}(i=1,2,3,\cdots,N)$,它的聚类特征向量定义为:

$$CF=(N,\boldsymbol{LS},SS) \tag{3.1}$$

其中 N 为簇中点的个数;$\boldsymbol{LS}$ 表示 N 个点的线性和 $(\sum_{i=1}^{N}\boldsymbol{x}_i)$,反映了簇的重心,$SS$ 是数据

点的平方和（$\sum\limits_{i=1}^{N} x_i^2$），反映了类直径的大小。

此外，对于聚类特征有如下定理：

定理　假设 $CF_1 = (N_1, LS_1, SS_1)$ 与 $CF_2 = (N_2, LS_2, SS_2)$ 分别为两个类的聚类特征，合并后的新类特征为：

$$CF_1 + CF_2 = (N_1 + N_2, LS_1 + LS_2, SS_1 + SS_2) \qquad (3.2)$$

该算法通过聚类特征可以方便地进行中心、半径、直径及类内距离、类间距离的运算。CF 树是一个具有两个参数分支因子 B 和阈值 T 的高度平衡树，它存储了层次聚类的聚类特征。分支因子定义了每个非叶节点孩子的最大数目，而阈值给出了存储在树的叶节点中的子聚类的最大直径。CF 树可以动态地构造，因此不要求所有的数据读入内存，还可在外存上逐个读入数据项。一个数据项总是被插入最近的叶子条目（子聚类）。如果插入后使得该叶节点中的子聚类的直径大于阈值，则该叶节点极可能有其他节点被分裂。新数据插入后，关于该数据的信息向树根传递。可以通过改变阈值来修改 CF 树的大小来控制其占用的内存容量。BIRCH 算法通过一次扫描就可以进行较好的聚类，故该算法的计算复杂度是 $O(n)$，n 是对象的数目。

2. COBWEB 算法

概念聚类是机器学习中的一种聚类方法，大多数概念聚类方法采用统计学的途径，在决定概念或聚类时使用概率度量。COBWEB 以一个分类树的形式创建层次聚类，它的输入对象用分类属性-值对来描述。

分类树和判定树不同。在分类树中，每个节点都代表一个概念，并包含该概念的一个概率描述。分类树用于概述被分在该节点下的对象。概率描述包括概念的概率和形如 $P(A_i = V_{ij} \mid C_k)$ 的条件概率，这里 $A_i = V_{ij}$ 是属性-值对，C_k 是概念类。在分类树某层次上的兄弟节点形成了一个划分。COBWEB 采用一个启发式估算度量——分类效用来指导树的构建。分类效用的定义如下：

$$\frac{\sum\limits_{k=1}^{n} P(C_k)\left[\sum\limits_{i}\sum\limits_{j} P(A_i = V_{ij} \mid C_k)^2 - \sum\limits_{i}\sum\limits_{j} P(A_i = V_{ij})^2\right]}{n} \qquad (3.3)$$

n 是在树的某个层次上形成一个划分 $\{C_1, C_2, \cdots, C_n\}$ 的节点、概念或"种类"的数目。分类效用回报类内相似性和类间相异性。

概率 $P(A_i = V_{ij} \mid C_k)$ 表示类内相似性。该值越大，共享该属性-值对的类成员比例就越大，更能预见该属性-值对是类成员。概率 $P(C_k \mid A_i = V_{ij})$ 表示类间相异性。该值越大，在对照类中的对象共享该属性-值对的就越少，更能预见该属性-值对是类成员。给定一个新的对象，COBWEB 沿一条适当的路径向下，修改计数，寻找可以分类该对象的最好的节点。该判定基于将对象临时置于每个节点，并计算结果划分的分类效用。产生最高分类效用的位置应当是对象节点的一个好的选择。

3. 模糊聚类算法 FCM

聚类可以引入模糊逻辑概念。对于模糊集来说,一个数据点以一定程度属于某个类,也可以同时以不同的程度属于几个类。常用的模糊聚类算法是模糊 C 平均值(Fuzzy C-Means,FCM)算法。该算法是在传统 C 均值算法中应用模糊技术。在 FCM 算法中,用隶属度函数定义的聚类损失函数可以写为:

$$J_f = \sum_{j=1}^{c} \sum_{i=1}^{n} [\mu_j(\boldsymbol{x}_i)]^b \parallel \boldsymbol{x}_i - \boldsymbol{m}_j \parallel^2 \tag{3.4}$$

其中,$b>1$,是一个可以控制聚类结果的模糊程度的常数。要求一个样本对于各个聚类的隶属度之和为 1,即

$$\sum_{j=1}^{c} \mu_j(\boldsymbol{x}_i) = 1 \tag{3.5}$$

在条件式(3.5)下求式(3.4)的极小值,令 J_f 对 $\boldsymbol{m}_i$ 和 $\mu_j(\boldsymbol{x}_i)$ 的偏导数为 0,可得必要条件:

$$\boldsymbol{m}_j = \frac{\sum_{i=1}^{n} [\mu_j(\boldsymbol{x}_i)]^b \boldsymbol{x}_i}{\sum_{i=1}^{n} [\mu_j(\boldsymbol{x}_i)]^b}, \quad j=1,2,\cdots,c \tag{3.6}$$

$$\mu_j(\boldsymbol{x}_i) = \frac{(1/\parallel \boldsymbol{x}_i - \boldsymbol{m}_j \parallel^2)^{1/(b-1)}}{\sum_{k=1}^{c} (1/\parallel \boldsymbol{x}_i - \boldsymbol{m}_k \parallel^2)^{1/(b-1)}}, \quad i=1,2,\cdots,n \quad j=1,2,\cdots,c \tag{3.7}$$

用迭代法求解式(3.6)和式(3.7),就是 FCM 算法。

当算法收敛时,就得到了各类的聚类中心以及表示各个样本对各类隶属程度的隶属度矩阵,从而完成了模糊聚类划分。

4. 聚类方法的特征

聚类方法的特征如下:

(1)聚类分析简单、直观。

(2)聚类分析主要应用于探索性的研究,其分析的结果可以提供多个可能的解,选择最终的解需要研究者的主观判断和后续的分析。

(3)无论实际数据中是否真正存在不同的类别,利用聚类分析都能得到分成若干类别的解。

(4)聚类分析的解完全依赖于研究者所选择的聚类变量,增加或删除一些变量对最终的解都可能产生实质性的影响。

(5)研究者在使用聚类分析时应特别注意可能影响结果的各个因素。异常值和特殊

的变量对聚类有较大影响,当分类变量的测量尺度不一致时,需要事先进行标准化处理。

5. 聚类分析的实施步骤

聚类分析的实施步骤如下:

(1) 数据预处理。

(2) 为衡量数据点间的相似度定义一个距离函数。

(3) 聚类或分组。

(4) 评估输出。

数据预处理包括选择数量、类型和特征的标度,它依靠特征选择和特征抽取,特征选择选择重要的特征,特征抽取把输入的特征转换为一个新的显著特征,它们经常被用来获取一个合适的特征集来为避免"维数灾"进行聚类。数据预处理还包括将孤立点移出数据,孤立点是不依附于一般数据行为或模型的数据,因此孤立点经常会导致有偏差的聚类结果,因此,为了得到正确的聚类,我们必须将它们剔除。

既然相似性是定义一个类的基础,那么不同数据之间在同一个特征空间相似度的衡量对于聚类步骤是很重要的,由于特征类型和特征标度的多样性,距离度量必须谨慎,它经常依赖于应用,例如,通常通过定义在特征空间的距离度量来评估不同对象的相异性,很多距离度量都应用在不同的领域,一个简单的距离度量,如 Euclidean 距离,经常被用作反映不同数据间的相异性,一些有关相似性的度量,例如 PMC 和 SMC,能够被用来特征化不同数据的概念相似性,在图像聚类上,子图图像的误差更正能够被用来衡量两个图形的相似性。

将数据对象分到不同的类中是一个很重要的步骤,数据基于不同的方法被分到不同的类中,划分方法和层次方法(层次方法的基本思想是:通过某种相似性测度计算节点之间的相似性,并按相似度由高到低排序,逐步重新连接各节点,该方法的优点是可随时停止划分)是聚类分析的两个主要方法,划分方法一般从初始划分和最优化一个聚类标准开始。Crisp Clustering 的每一个数据都属于单独的类,Fuzzy Clustering 的每个数据可能在任何一个类中,Crisp Clustering 和 Fuzzy Clustering 是划分方法的两个主要技术。划分方法聚类是基于某个标准产生一个嵌套的划分系列,它可以度量不同类之间的相似性或一个类的可分离性用来合并和分裂类,其他的聚类方法还包括基于密度的聚类、基于模型的聚类、基于网格的聚类。

评估聚类结果的质量是另一个重要的阶段,聚类是一个无管理的程序,也没有客观的标准来评价聚类结果,它是通过一个类的有效索引来评价的。一般来说,几何性质,包括类间的分离和类内部的耦合,用来评价聚类结果的质量,类的有效索引在决定类的数目时经常扮演一个重要角色,类的有效索引的最佳值被期望从真实的类数目中获取,通常决定类数目的方法是选择一个特定的类的有效索引的最佳值,这个索引能否真实地得出类的数目是判断该索引是否有效的标准,很多已经存在的标准对于相互分离的类数据集合都能得出很好的结果,但是对于复杂的数据集,却通常行不通,例如对于交叠类的集合。

6. 聚类分析的应用

聚类分析可以作为其他算法的预处理步骤,这些算法再在生成的簇上进行处理。聚类分析可作为特征和分类算法的预处理步骤,也可将聚类结果用于进一步的关联分析。

聚类分析可作为一个独立的工具来获得数据分布的情况,观察每个簇的特点,集中对特定的某些簇进行进一步的分析。聚类分析的主要应用领域如下。

1) 商业

聚类分析被用来发现不同的客户群,并且通过购买模式刻画不同的客户群的特征。

聚类分析是细分市场的有效工具,同时也可用于研究消费者行为,寻找新的潜在市场,选择实验的市场,并作为多元分析的预处理。

2) 生物

聚类分析被用来进行动植物分类和对基因进行分类,获取对种群固有结构的认识。

3) 地理

聚类分析能够帮助数据库厂商将获得的相似地理数据库归为同一类。

4) 保险行业

聚类分析通过一个高的平均消费来鉴定汽车保险单持有者的分组,同时根据住宅类型、价值、地理位置来鉴定一个城市的房产分组。

5) 因特网

聚类分析被用来在网上进行文档归类来修复信息。

6) 电子商务

聚类分析在电子商务网站建设、数据挖掘中也是很重要的,通过分组聚类出具有相似浏览行为的客户,并分析客户的共同特征,可以更好地帮助电子商务网站的用户了解自己的客户,向客户提供更合适的服务。

3.3.4 关联规则发现

关联规则是形式如下的一种规则:"在购买面包和黄油的顾客中,有 90% 的人同时也买了牛奶(面包+黄油+牛奶)"。用于关联规则发现的主要对象是事务数据库,其中针对的应用则是售货数据,也称货篮数据。一个事务一般由如下几个部分组成:事务处理时间,一组顾客购买的物品,有时也有顾客标识号(如信用卡号)。

关联规则最初是针对购物篮分析(Market Basket Analysis)问题提出的。假设分店经理想更多地了解顾客的购物习惯,特别是想知道哪些商品顾客可能会在一次购物时同时购买。为回答该问题,可以对商店的顾客购买数量进行购物篮分析。该过程通过发现顾客放入购物篮中的不同商品之间的关联，分析顾客的购物习惯。这种关联的发现可以帮助零售商了解哪些商品频繁地被顾客同时购买，从而帮助他们开发更好的营销策略。

1993 年，Agrawal 等在提出关联规则概念的同时，给出了其相应的挖掘算法 AIS，但是性能较差。1994 年，他们建立了项目集格空间理论，并依据上述两个定理提出了著名的 Apriori 算法，至今 Apriori 算法仍然作为关联规则挖掘的经典算法被广泛讨论，以后诸多的研究人员对关联规则的挖掘问题进行了大量的研究。

由于条形码技术的发展，零售部门可以利用前端收款机收集存储大量的售货数据。因此，如果对这些历史事务数据进行分析，则可为顾客的购买行为提供极有价值的信息。例如，可以帮助摆放货架上的商品（如把顾客经常同时买的商品放在一起），帮助规划市场（怎样相互搭配进货）。由此可见，从事务数据中发现关联规则，对于改进零售业等商业活动的决策非常重要。

1. 关联规则的定义

设 $I=\{i_1, i_2, \cdots, i_m\}$ 是一组物品集（一个商场的物品可能有上万种），D 是一组事务集（称之为事务数据库）。D 中的每个事务 T 是一组物品，显然满足 $T \subseteq I$。称事务 T 支持物品集 X，如果 $X \subseteq T$。关联规则是如下形式的一种蕴含：$X \Rightarrow Y$，其中 $X \subseteq I, Y \subseteq I$，且 $X \cap Y = I$。

(1) 称物品集 X 具有大小为 s 的支持度，如果 D 中有 $s\%$ 的事务支持物品集 X。

(2) 称关联规则 $X \Rightarrow Y$ 在事务数据库 D 中具有大小为 s 的支持度，如果物品集 $X \cup Y$ 的支持度为 s。

(3) 称规则 $X \Rightarrow Y$ 在事务数据库 D 中具有大小为 c 的可信度，如果 D 中支持物品集 X 的事务中有 $c\%$ 的事务同时也支持物品集 Y。

如果不考虑关联规则的支持度和可信度，那么在事务数据库中存在无穷多的关联规则。事实上，人们一般只对满足一定的支持度和可信度的关联规则感兴趣。在文献中，一般称满足一定要求的（如较大的支持度和可信度）的规则为强规则。因此，为了发现出有意义的关联规则，需要给定两个阈值：最小支持度和最小可信度。前者即用户规定的关联规则必须满足的最小支持度，它表示一组物品集在统计意义上需满足的最低程度；后者即用户规定的关联规则必须满足的最小可信度，它反映了关联规则的最低可靠度。

在实际应用中，一种更有用的关联规则是泛化关联规则。因为物品概念间存在一种层次关系，如夹克衫、滑雪衫属于外套类，外套、衬衣又属于衣服类。有了层次关系后，可以帮助发现一些更多的有意义的规则。例如，"买外套⇒买鞋子"（此处，外套和鞋子是较高层次上的物品或概念，因而该规则是一种泛化的关联规则）。由于商店或超市中有成千上万种物品，平均来讲，每种物品（如滑雪衫）的支持度很低，因此有时难以发现有用规则，但如果考虑到较高层次的物品（如外套），则其支持度就较高，从而可能发现有用的规则。

另外,关联规则发现的思路还可以用于序列模式发现。用户在购买物品时,除了具有上述关联规律外,还有时间或序列上的规律,因为很多时候顾客会这次买这些东西,下次买同上次有关的一些东西,接着又买其他有关的东西。

2. 关联规则的挖掘过程

关联规则的挖掘过程主要包含两个阶段:第一阶段必须先从资料集合中找出所有的高频项目组(Frequent Itemsets),第二阶段再由这些高频项目组中产生关联规则(Association Rules)。

关联规则挖掘的第一阶段必须从原始资料集合中找出所有的高频项目组。高频是指某一项目组出现的频率相对于所有记录而言,必须达到某一水平。一个项目组出现的频率称为支持度(Support),以一个包含 A 与 B 两个项目的 2-itemset 为例,我们可以由频繁出现的次数与总次数之间的比例求得包含 $\{A,B\}$ 项目组的支持度,若支持度大于或等于所设定的最小支持度(Minimum Support)门槛值,则 $\{A,B\}$ 称为高频项目组。一个满足最小支持度的 k-itemset 称为高频 k-项目组(Frequent k-itemset),一般表示为 Large k 或 Frequent k。算法从 Large k 项目组中再产生 Large $k+1$,直到无法找到更长的高频项目组为止。

关联规则挖掘的第二阶段是产生关联规则。从高频项目组产生关联规则,是利用前一步的高频 k-项目组来产生规则,在最小信赖度(Minimum Confidence)的条件门槛下,若一规则所求得的信赖度满足最小信赖度,则称此规则为关联规则。例如,经由高频 k-项目组 $\{A,B\}$ 所产生的规则 AB,计算信赖度,若信赖度大于或等于最小信赖度,则称 AB 为关联规则。

3. 关联规则的分类

1)基于规则中处理的变量的类别

关联规则处理的变量可以分为布尔型和数值型。布尔型关联规则处理的值都是离散的、种类化的,它显示了这些变量之间的关系;而数值型关联规则可以和多维关联或多层关联规则结合起来,对数值型字段进行处理,将其进行动态地分割,或者直接对原始的数据进行处理,当然数值型关联规则中也可以包含种类变量。例如,性别="女"=>职业="秘书",是布尔型关联规则;性别="女"=>avg(收入)=2300,涉及的收入是数值类型,所以是一个数值型关联规则。

2)基于规则中数据的抽象层次

基于规则中数据的抽象层次可以分为单层关联规则和多层关联规则。在单层关联规则中,所有的变量都没有考虑到现实的数据是具有多个不同的层次的;而在多层关联规则中,对数据的多层性已经进行了充分的考虑。例如,IBM 台式机=>Sony 打印机,是一个细节数据上的单层关联规则;台式机=>Sony 打印机,是一个较高层次和细节层次之间的多层关联规则。

3）基于规则中涉及的数据的维数

关联规则中的数据可以分为单维的和多维的。在单维的关联规则中，只涉及数据的一个维度，如用户购买的物品；而在多维的关联规则中，要处理的数据将会涉及多个维度。换句话说，单维的关联规则用于处理单个属性中的一些关系，多维的关联规则用于处理各个属性之间的某些关系。例如，啤酒＝＞尿布，这条规则只涉及用户购买的物品；性别＝"女"＝＞职业＝"秘书"，这条规则就涉及两个字段的信息，是两个维度上的一条关联规则。

4. 关联规则的相关算法

1）Apriori 算法

Apriori 算法使用候选项集找频繁项集。

Apriori 算法是一种最有影响的挖掘布尔关联规则频繁项集的算法。其核心是基于两阶段频集思想的递推算法。该关联规则在分类上属于单维、单层、布尔关联规则。在这里，所有支持度大于最小支持度的项集都称为频繁项集，简称频集。

该算法的基本思想是：首先找出所有的频集，这些项集出现的频繁性至少和预定义的最小支持度一样。然后由频集产生强关联规则，这些规则必须满足最小支持度和最小可信度。接着使用前面找到的频集产生期望的规则，产生只包含集合的项的所有规则，其中每一条规则的右部只有一项，这里采用的是中规则的定义。一旦这些规则被生成，那么只有那些大于用户给定的最小可信度的规则才被留下来。为了生成所有频集，使用了递推的方法。

Apriori 算法采用逐层搜索的迭代方法，算法简单明了，没有复杂的理论推导，也易于实现。但该算法有一些难以克服的缺点：

（1）对数据库的扫描次数过多。

（2）会产生大量的中间项集。

（3）采用唯一支持度。

（4）算法的适应面窄。

2）基于划分的算法

Savasere 等设计了一个基于划分的算法。这个算法先把数据库从逻辑上分成几个互不相交的块，每次单独考虑一个分块并对它生成所有的频集，然后把产生的频集合并，用来生成所有可能的频集，最后计算这些项集的支持度。这里分块的大小选择要使得每个分块可以被放入主存，每个阶段只需被扫描一次。而算法的正确性是由每一个可能的频集至少在某一个分块中是频集保证的。该算法是可以高度并行的，可以把每一个分块分别分配给某一个处理器生成频集。产生频集的每一个循环结束后，处理器之间进行通信来产生全局的候选 k-项集。通常这里的通信过程是算法执行时间的主要瓶颈；同时，每个独立的处理器生成频集的时间也是一个瓶颈。

3）FP-树频集算法

针对 Apriori 算法的固有缺陷，J. Han 等提出了不产生候选挖掘频繁项集的方法——FP-树频集算法。采用分而治之的策略，在经过第一遍扫描之后，把数据库中的频集压缩进一棵频繁模式树（FP-Tree），同时依然保留其中的关联信息，随后将 FP-Tree 分化成一些条件库，每个库和一个长度为 1 的频集相关，然后对这些条件库分别进行挖掘。当原始数据量很大的时候，也可以结合划分的方法使得一个 FP-Tree 可以放入主存中。实验表明，FP-Tree 频集算法对不同长度的规则都有很好的适应性，同时在效率上较 Apriori 算法有巨大的提高。

5．关联规则的应用

关联规则挖掘技术已经被广泛应用在西方金融行业企业中，它可以成功预测银行客户的需求。一旦获得了这些信息，银行就可以改善自身的营销。银行天天都在开发新的沟通客户的方法。各银行在自己的 ATM 机上就捆绑了顾客可能感兴趣的本行产品信息，供使用本行 ATM 机的用户了解。如果数据库中显示，某个高信用限额的客户更换了地址，这个客户很有可能新近购买了一栋更大的住宅，因此可能需要更高信用限额、更高端的新信用卡，或者需要住房改善贷款，这些产品都可以通过信用卡账单邮寄给客户。当客户打电话咨询的时候，数据库可以有力地帮助电话销售代表。电话销售代表的计算机屏幕上可以显示出客户的特点，同时也可以显示出客户会对什么产品感兴趣。

再例如，市场的数据不仅十分庞大、复杂，而且包含着许多有用的信息。随着数据挖掘技术的发展以及各种数据挖掘方法的应用，从大型超市数据库中可以发现一些潜在的、有用的、有价值的信息，从而应用于超级市场的经营。通过对所积累的销售数据的分析，可以得出各种商品的销售信息，从而更合理地制定各种商品的订货情况，对各种商品的库存进行合理的控制。另外，根据各种商品销售的相关情况，可分析商品的销售关联性，从而可以进行商品的货篮分析和组合管理，以更加有利于商品销售。

同时，一些知名的电子商务站点也从强大的关联规则挖掘中受益。这些电子购物网站使用关联规则进行挖掘，然后设置用户有意要一起购买的捆绑包。也有一些购物网站使用关联规则设置相应的交叉销售，也就是购买某种商品的顾客会看到相关的另一种商品的广告。

但是在我国，"数据海量，信息缺乏"是商业银行在数据大集中之后普遍面对的尴尬。金融业实施的大多数数据库只能实现数据的录入、查询、统计等较低层次的功能，却无法发现数据中存在的各种有用的信息，譬如对这些数据进行分析，发现其数据模式及特征，然后可能发现某个客户、消费群体或组织的金融和商业兴趣，并观察金融市场的变化趋势。可以说，关联规则挖掘技术在我国的研究与应用并不是很广泛深入。

3.3.5 *K* 最近邻算法

K 最近邻(*K*-Nearest Neighbor,KNN)算法是一个理论上比较成熟的算法,也是最简单的机器学习算法之一。*K* 最近邻算法在 1968 年由 Cover 和 Hart 提出,该算法使用的模型实际上对应对特征空间的划分。*K* 最近邻算法不仅可以用于分类,还可以用于回归。

该算法的思路是:如果一个样本在特征空间中的 *K* 个最相似(即特征空间中最邻近)的样本中的大多数属于某一个类别,则该样本也属于这个类别。在 *K* 最近邻算法中,所选择的邻居都是已经正确分类的对象。该算法在定类决策上只依据最邻近的一个或者几个样本的类别来决定待分类样本所属的类别。*K* 最近邻算法虽然从原理上依赖于极限定理,但在进行类别决策时,只与极少量的相邻样本有关。由于 *K* 最近邻算法主要靠周围有限的邻近的样本,而不是靠判别类域的方法来确定所属的类别,因此对于类域交叉或重叠较多的待分类样本集来说,*K* 最近邻算法比其他算法更为适合。

简单来说,*K* 最近邻算法可以看成:有一堆你已经知道分类的数据,当一个新数据进入的时候,就开始跟训练数据中的每个点求距离,然后挑离这个训练数据最近的 *K* 个点看这几个点属于什么类型,最后用少数服从多数的原则为新数据归类。

K 最近邻算法不仅可以用于分类,还可以用于回归。通过找出一个样本的 *K* 个最近邻居,将这些邻居的属性的平均值赋给该样本,就可以得到该样本的属性。更有用的方法是将不同距离的邻居对该样本产生的影响给予不同的权值(Weight),如权值与距离成正比(组合函数)。

该算法步骤如下。

步骤 1:初始化距离为最大值。

步骤 2:计算未知样本和每个训练样本的距离 dist。

步骤 3:得到目前 *K* 个最近邻样本中的最大距离 maxdist。

步骤 4:如果 dist 小于 maxdist,则将该训练样本作为 *K* 最近邻样本。

步骤 5:重复步骤 2、3、4,直到未知样本和所有训练样本的距离都算完。

步骤 6:统计 *K* 最近邻样本中每个类标号出现的次数。

步骤 7:选择出现频率最高的类标号作为未知样本的类标号。

基于 scikit-learn 包实现机器学习之 *K* 最近邻算法的函数及其参数含义:KNeighborsClassifier 是一个类,它集成了其他的 NeighborsBase、KNeighborsMixin、SupervisedIntegerMixin 和 ClassifierMixin。这里我们暂时不管它,主要看它的几个方法。当然有的方法是它从父类那里继承过来的。

（1）__init__()：初始化函数（构造函数），它主要有以下几个参数。

- n_neighbors=5：int 型参数，K 最近邻算法中指定以最近的几个最近邻样本具有投票权，默认参数为 5。

- weights='uniform'：str 型参数，即每个拥有投票权的样本是按什么比重投票的，'uniform'表示等比重投票，'distance'表示按距离反比投票，[callable]表示自己定义一个函数，这个函数接收一个距离数组，返回一个权值数组。默认参数为'uniform'。

- algrithm='auto'：str 型参数，即内部采用什么算法实现。有以下 4 种选择参数：'ball_tree'（球树）、'kd_tree'（KD 树）、'brute'（暴力搜索）、'auto'（自动根据数据的类型和结构选择合适的算法）。默认情况下是'auto'。暴力搜索就不用讲了，读者应该都知道。前两种树状数据结构哪种好要视情况而定。KD 树是依次对 K 维坐标轴以中值切分构造的树，每一个节点是一个超矩形，在维数小于 20 时效率最高，可以参看参考文献[10]。球树是为了克服 KD 树高维失效而发明的，其构造过程是以质心 C 和半径 r 分割样本空间，每一个节点是一个超球体。一般低维数据用 KD 树速度快，用球树相对较慢。超过 20 维之后的高维数据用 KD 树效果反而不佳，而球树的效果更好，具体构造过程及优劣势的理论读者有兴趣可以自行学习。

- leaf_size=30：int 型参数，基于以上介绍的算法，此参数给出了 KD 树或者球树叶节点的规模，叶节点的不同规模会影响树的构造和搜索速度，同样会影响树的内存大小。具体最优规模是多少视情况而定。

- matric='minkowski'：str 或者距离度量对象，即怎样度量距离。默认是闵氏距离，闵氏距离不是一种具体的距离度量方法，它包括其他距离度量方式，是其他距离度量的推广，具体各种距离度量只是参数 p 的取值不同或者是否去极限的不同情况，读者可以关注参考文献[10]，讲得非常详细。

$$\text{dist}(x,y) = \left(\sum_{i=1}^{n} |x_i - y_i|^p \right)^{\frac{1}{p}} \tag{3.8}$$

其中，$p=2$：int 型参数，就是以上闵氏距离各种不同的距离参数，默认为 2，即欧氏距离。$p=1$ 代表曼哈顿距离。

- metric_params=None：距离度量函数的额外关键字参数，无须设置，默认为 None。

- n_jobs=1：int 型参数，指并行计算的线程数量，默认为 1，表示一个线程，为−1 时表示 CPU 的内核数，也可以指定为其他数量的线程，若不追求速度的话，则无须处理，需要用到的话可以去看多线程。

（2）fit()：训练函数，它是最主要的函数。接收的参数只有 1 个，就是训练数据集，每一行是一个样本，每一列是一个属性。它返回对象本身，即只修改对象内部属性，因此直接调用就可以了,后面用该对象的预测函数取预测自然就用到了这个训练的结果。其实该函数并不是 KNeighborsClassifier 这个类的方法,而是它的父类 SupervisedIntegerMixin 继承下来的方法。

（3）predict()：预测函数,接收输入的数组类型测试样本,一般是二维数组,每一行是一个样本,每一列是一个属性返回数组类型的预测结果,如果每个样本只有一个输出,则输出为一个一维数组。如果每个样本的输出是多维的,则输出二维数组,每一行是一个样本,每一列是一维输出。

（4）predict_prob()：基于概率的软判决,也是预测函数,只是并不是给出某一个样本的输出是哪一个值,而是给出该输出是各种可能值的概率各是多少。接收的参数和前面一样,返回的参数和前面类似,只是前面该是值的地方全部替换成概率,例如输出结果有两种选择 0 或 1,前面的预测函数给出的是长为 n 的一维数组,代表各样本一次的输出是 0 还是 1,如果用概率预测函数的话,返回的是 $n \times 2$ 的二维数组,每一行代表一个样本,每一行有两个数,分别是该样本输出为 0 的概率为多少,输出为 1 的概率为多少。各种可能的顺序都是按字典顺序排列,例如先 0 后 1。

（5）score()：计算准确率的函数,接收的参数有 3 个。X：接收输入的数组类型测试样本,一般是二维数组,每一行是一个样本,每一列是一个属性。y：X 这些预测样本的真实标签,是一维数组或者二维数组。sample_weight＝None：是一个和 X 第一位一样长的样本对准确率影响的权重,默认为 None。输出为一个 float 型数,表示准确率。内部计算是按照 predict() 函数计算的结果进行计算的。其实该函数并不是 KNeighborsClassifier 这个类的方法,而是它的父类 KNeighborsMixin 继承下来的方法。

（6）kneighbors()：计算某些测试样本最近的几个近邻的训练样本。接收 3 个参数。X＝None：需要寻找最近邻的目标样本。n_neighbors＝None：表示需要寻找目标样本最近的几个最近邻样本,默认为 None,需要调用时标识语句 return_distance＝True 是否需要同时返回具体的距离值。返回最近邻样本在训练样本中的序号。其实该函数并不是 KNeighborsClassifier 这个类的方法,而是它的父类 KNeighborsMixin 继承下来的方法。

1. K 最近邻算法的核心思想

当无法判定当前待分类点是从属于已知分类中的哪一类时,依据统计学的理论看它所处的位置特征,衡量它周围邻居的权重,把它归类到权重更大的那一类中。

K 最近邻算法的输入是测试数据和训练样本数据集,输出是测试样本的类别。

K 最近邻算法中,所选择的邻居都是已经正确分类的对象。K 最近邻算法在定类决策上只依据最邻近的一个或者几个样本的类别来决定待分类样本所属的类别。

2. K 最近邻算法的要素

K 最近邻算法有 3 个基本要素。

(1) K 值的选择: K 值的选择会对算法的结果产生重大影响。K 值较小意味着只有与输入实例较近的训练实例才会对预测结果起作用,但容易发生过拟合;如果 K 值较大,优点是可以减少学习的估计误差,但缺点是学习的近似误差增大,这时与输入实例较远的训练实例也会对预测起作用,使预测发生错误。在实际应用中,K 值一般选择一个较小的数值,通常采用交叉验证的方法来选择最优的 K 值。随着训练实例数目趋向于无穷和 K=1,误差率不会超过贝叶斯误差率的 2 倍,如果 K 值也趋向于无穷,则误差率趋向于贝叶斯误差率。

(2) 距离度量: 距离度量一般采用 L_p 距离,当 $p=2$ 时,即为欧氏距离,在度量之前,应该将每个属性的值规范化,这样有助于防止具有较大初始值域的属性比具有较小初始值域的属性的权重大。

对于文本分类来说,使用余弦(Cosine)来计算相似度比欧氏距离更合适。

(3) 分类决策规则: 该算法中的分类决策规则往往是多数表决,即由输入实例的 K 个最邻近的训练实例中的多数类决定输入实例的类别。

K 最近邻算法的基本要素如图 3.4 所示。

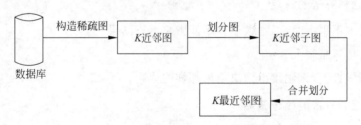

图 3.4 K 最近邻算法的基本要素

3. K 最近邻算法的流程

(1) 准备数据,对数据进行预处理。

(2) 选用合适的数据结构存储训练数据和测试元组。

(3) 设定参数,如 K。

(4) 维护一个距离由大到小的优先级队列(长度为 K),用于存储最近邻训练元组。随机从训练元组中选取 K 个元组作为初始的最近邻元组,分别计算测试元组到这 K 个元组的距离,将训练元组标号和距离存入优先级队列。

(5) 遍历训练元组集,计算当前训练元组与测试元组的距离,将所得距离 L 与优先级队列中的最大距离 L_{max} 进行比较,若 $L \geqslant L_{max}$,则舍弃该元组,遍历下一个元组。若 $L < L_{max}$,则删除优先级队列中最大距离的元组,将当前训练元组存入优先级队列。

（6）遍历完毕，计算优先级队列中 K 个元组的多数类，并将其作为测试元组的类别。

（7）测试元组集测试完毕后计算误差率，继续设定不同的 K 值重新进行训练，最后取误差率最小的 K 值。

4. K 最近邻算法的优点

（1）K 最近邻算法从原理上依赖于极限定理，但在类别决策时只与极少量的相邻样本有关。

（2）由于 K 最近邻算法主要靠周围有限的邻近的样本，而不是靠判别类域的方法来确定所属类别，因此对于类域的交叉或重叠较多的待分类样本集来说，K 最近邻算法比其他算法更为适合。

（3）算法本身简单有效，精度高，对异常值不敏感，易于实现，无须估计参数，分类器不需要使用训练集进行训练，训练时间复杂度为 0。

（4）K 最近邻分类的计算复杂度和训练集中的文档数目成正比，即如果训练集中的文档总数为 n，那么 K 最近邻算法的分类时间复杂度为 $O(n)$。

（5）适合对稀有事件进行分类。

（6）适用于多分类（Multi-Classification）问题，对象具有多个类别标签，K 最近邻算法比 SVM 算法的表现要好。

5. K 最近邻算法的缺点

（1）当样本不平衡时，样本数量并不能影响运行结果。

（2）算法计算量较大。

（3）可理解性差，无法给出像决策树那样的规则。

6. K 最近邻算法的改进策略

K 最近邻算法因其提出时间较早，随着其他技术的不断更新和完善，K 最近邻算法逐渐显示出诸多不足之处，因此许多 K 最近邻算法的改进算法应运而生。算法改进目标主要朝着分类效率和分类效果两个方向。

改进 1：通过找出一个样本的 K 个最近邻居，将这些邻居的属性的平均值赋给该样本，就可以得到该样本的属性。

改进 2：将不同距离的邻居对该样本产生的影响给予不同的权值（weight），如权值与距离成反比（$1/d$），即和该样本距离小的邻居权值大，称为可调整权重的 K 最近邻居法（Weighted Adjusted K Nearest Neighbor，WAKNN）。但 WAKNN 会造成计算量增大，因为对每一个待分类的文本都要计算它到全体已知样本的距离，才能求得它的 K 个最近邻点。

改进 3：事先对已知样本点进行剪辑（Editing 技术），事先去除（Condensing 技术）对分类作用不大的样本。该算法适用于样本容量比较大的类域的自动分类，而那些样本容量较小的类域采用这种算法比较容易产生误分。

3.3.6 支持向量机算法

支持向量机(Support Vector Machine)是一种分类算法,通过寻求结构化风险最小来提高学习机的泛化能力,实现经验风险和置信范围的最小化,从而达到在统计样本量较少的情况下,也能获得良好统计规律的目的。通俗来讲,它是一种二类分类模型,其基本模型定义为特征空间上间隔最大的线性分类器,即支持向量机的学习策略是间隔最大化,最终可转换为一个凸二次规划问题的求解。

支持向量机是由模式识别中的广义肖像算法(Generalized Portrait Algorithm)发展而来的分类器,其早期工作来自苏联学者 Vladimir N. Vapnik 和 Alexander Y. Lerner 在1963 年发表的研究。1964 年,Vladimir N. Vapnik 和 Alexey Y. Chervonenkis 对广义肖像算法进行了进一步讨论并建立了硬边距的线性支持向量机。此后在 20 世纪 70—80年代,随着模式识别中最大边距决策边界的理论研究、基于松弛变量(Slack Variable)的规划问题求解技术的出现,和 VC 维(Vapnik-Chervonenkis Dimension)的提出,支持向量机被逐步理论化并成为统计学习理论的一部分。1992 年,Bernhard E. Boser、Isabelle M. Guyon 和 Vapnik 通过该方法得到了非线性支持向量机。1995 年,Corinna Cortes 和Vapnik 提出了软边距的非线性支持向量机并将其应用于手写字符识别问题,这份研究在发表后得到了关注和引用,为支持向量机在各领域的应用提供了参考。

1. 具体原理

在 n 维空间中找到一个分类超平面,将空间上的点分类。图 3.5 是线性分类的例子。

一般而言,一个点距离超平面的远近可以表示为分类预测的确信或准确程度。支持向量机就是要最大化这个间隔值。而在虚线上的点叫作支持向量(Support Vector),图 3.6 表示正常人与病人之间的间隔分类,图 3.7 表示支持向量对数据的分类。

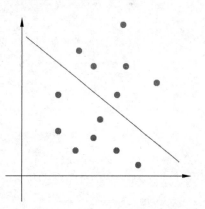

图 3.5 线性分类示例图

在实际应用中,我们经常会遇到线性不可分的样例,此时常用的做法是把样例特征映射到高维空间中去,如图 3.8 所示。

线性不可分映射到高维空间可能会导致维度高到可怕(19 维乃至无穷维),导致计算复杂。核函数的价值在于它虽然也是对特征进行从低维到高维的转换,但核函数绝就绝在它事先在低维进行计算,而将实质上的分类效果表现在高维上,也就如前文所讲的避免了直接在高维空间的复杂计算。

使用松弛变量处理数据噪声如图 3.9 所示。

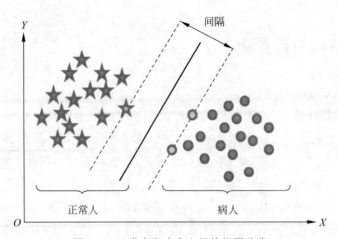

图 3.6 正常人和病人之间的间隔分类

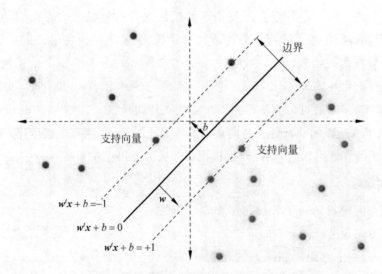

图 3.7 利用支持向量对数据进行分类

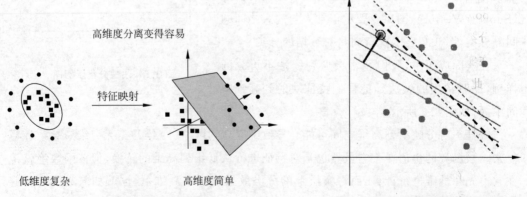

图 3.8 高维度空间特征分类　　　　　图 3.9 使用松弛变量处理数据噪声

2. 支持向量机的性质

稳健性与稀疏性：支持向量机的优化问题同时考虑了经验风险最小化和结构风险最小化，因此具有稳定性。从几何观点来看，支持向量机的稳定性体现在其构建超平面决策边界时要求边距最大，因此间隔边界之间有充裕的空间包容测试样本。支持向量机使用铰链损失函数作为代理损失，铰链损失函数的取值特点使支持向量机具有稀疏性，即其决策边界仅由支持向量决定，其余的样本点不参与经验风险最小化。在使用核方法的非线性学习中，支持向量机的稳健性和稀疏性在确保了可靠求解结果的同时降低了核矩阵的计算量和内存开销。

与其他线性分类器的关系：支持向量机是一个广义线性分类器，通过在支持向量机算法框架下修改损失函数和优化问题可以得到其他类型的线性分类器，例如将支持向量机的损失函数替换为 Logistic 损失函数就得到了接近 Logistic 回归的优化问题。支持向量机和 Logistic 回归是功能相近的分类器，二者的区别在于 Logistic 回归的输出具有概率意义，也容易扩展至多分类问题，而支持向量机的稀疏性和稳定性使它具有良好的泛化能力并在使用核方法时计算量更小。

作为核方法的性质：支持向量机不是唯一可以使用核技巧的机器学习算法，Logistic 回归、岭回归和线性判别分析（Linear Discriminant Analysis，LDA）也可通过核方法得到核 Logistic 回归（Kernel Logistic Regression）、核岭回归（Kernel Ridge Regression）和核线性判别分析（Kernelized Linear Discriminant Analysis，KLDA）方法。因此，支持向量机是广义上核学习的实现之一。

3. 支持向量机的应用

支持向量机在各领域的模式识别问题中都有应用，包括人像识别、文本分类、手写字符识别、生物信息学等。

4. 包含支持向量机的编程模块

按引用次数，由台湾大学资讯工程研究所开发的 LIBSVM 是使用最广的支持向量机工具。LIBSVM 包含标准支持向量机算法、概率输出、支持向量回归、多分类支持向量机等功能，其源代码由 C 编写，并有 Java、Python、R、MATLAB 等语言的调用接口，基于 CUDA 的 GPU 加速和其他功能性组件，例如多核并行计算、模型交叉验证等。

基于 Python 开发的机器学习模块 scikit-learn 提供预封装的支持向量机工具，其设计参考了 LIBSVM。其他包含支持向量机的 Python 模块有 MDP、MLPy、PyMVPA 等。TensorFlow 的高阶 API 组件 Estimators 提供了支持向量机的封装模型。

3.3.7　频繁项集挖掘算法

频繁项集挖掘算法用于挖掘经常一起出现的 item 集合，这些集合称为频繁项集，通过挖掘出这些频繁项集，当在一个事务中出现频繁项集的其中一个 item 时，就可以把该频繁项集的其他 item 作为推荐。例如经典的购物篮分析中的啤酒和尿布的故事，啤酒和尿布经常在用户的购物篮中一起出现，通过挖掘出啤酒、尿布这个啤酒项集，当一个用户买了啤酒的时候可以为他推荐尿布，这样用户购买的可能性会比较大，从而达到组合营销的目的。

常见的频繁项集挖掘算法有两类：一类是 Apriori 算法，另一类是 FPGrowth 算法。Apriori 算法通过不断地构造候选集、筛选候选集挖掘出频繁项集，需要多次扫描原始数据，当原始数据较大时，磁盘 I/O 次数太多，效率比较低下。FPGrowth 算法则只需扫描原始数据两遍，通过 FP-Tree 数据结构对原始数据进行压缩，效率较高。

频繁项集挖掘算法最著名的一个实现是 Agrawal 和 R. Srikant 于 1994 年提出的 Apriori 算法。该算法与其他频繁项集挖掘算法相比，一个重大的优化是提出了先验性质。先验性质通俗地说，即若一个集合是非频繁的，则它的任何超集都是非频繁的，反过来，若一个集合是频繁的，则它的所有真子集都是频繁的。之所以说先验性质是 Apriori 算法相对于其他频繁项集挖掘算法的重大优化，是因为先验性质能够有效地减少算法的搜索空间，这一点我们将会在具体实现中体现出来。

1. Apriori 算法

1) Apriori 概述

该算法的实现原理其实非常简单，即使用一种逐层搜索的迭代算法，使用 k 项集来迭代产生 $k+1$ 项候选集（Candidate Set），然后通过先验性质对 $k+1$ 项候选集进行剪枝操作，缩小算法搜索空间，进而由此产生 $k+1$ 项集。由 k 项集产生 $k+1$ 项候选集的过程可分为两步，第一步为连接步，笔者不想用过多的数学表达，仅在这里简单地描述连接步过程。假设我们已经获得了 k 项频繁项集合，则从该项集的第一项（记为第 i 项）开始向下寻找前 $k-1$ 项与其相同的项（记为第 j 项），则第 i 项的全部元素和第 j 项的第 k 个元素组成了 $k+1$ 项"候选集"的一项，以此类推，直到遍历 k 项频繁项集。之所以"候选集"要打引号，是因为这里的集合还没有经过剪枝操作，还不能真正成为候选集。

集合的剪枝操作即在 $k+1$ 项集中，针对每个 $k+1$ 项集检验它的每个 k 项真子集是否都为事务集合的频繁项集，若是，则保留这个 $k+1$ 项集作为候选集，否则从集合中删除这个 $k+1$ 项集。这样我们就获得了 $k+1$ 项候选集，在这之后针对数据库进行扫描，计算出每个 $k+1$ 项集的频繁计数（出现了多少次），大于最小频繁计数（min_sup）的保留，小于最小频繁计数的从集合中去除，这样就得到了 $k+1$ 项频繁项集合。然后重复以上工作，迭代搜索，直到找出一个 n 项频繁集合，无法再找出 $n+1$ 项频繁项集，则算法结束，释放资源，停机。Apriori 算法如图 3.10 所示。

2) Apriori 算法的实现

为了降低程序的 I/O 次数并提高运行速度，在程序启动时就读取数据进入内存，使

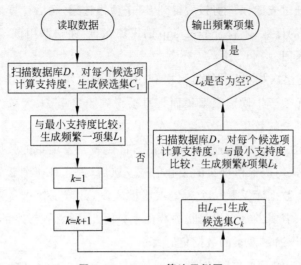

图 3.10　Apriori 算法示例图

用树状结构来存储数据。该数据结构中使用到两类节点,一类节点用于存储事务元素,另一类节点用于存储事务 ID,并为元素节点提供索引,整个数据结构使用简单的单链表实现。数据结构直观上很像一个散列表,如图 3.11 所示。

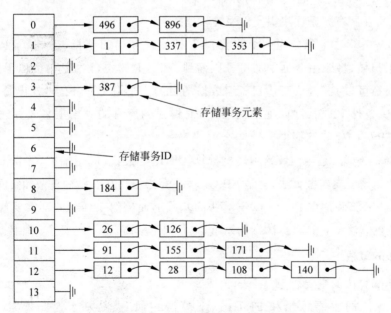

图 3.11　Apriori 算法的数据结构

如图 3.11 所示的 Apriori 算法返回一个映射,该映射中存储着所有的频繁一项集及其频繁计数,该映射作为下一级函数的输入,用于产生频繁二项集,频繁三项集……

从频繁二项集开始,算法就开始使用递归函数生成,具体算法过程如下:首先接受 k 项频繁项集,然后使用两个指针一前一后产生所有符合"连接步条件"的 $k+1$ 项集合。

这个 $k+1$ 项集合通过先验条件剪枝后得到 $k+1$ 项候选集，然后计算集合中每一个 $k+1$ 项集在事务集合中的计数，不符合 min_sup 的去掉，然后递归调用该函数，直到找不出更多的集合，则递归返回。

Apriori 算法需多次扫描数据库，每次利用候选频繁集产生频繁集；而 FP-Growth 则利用树状结构，无须产生候选频繁集而是直接得到频繁集，大大减少了扫描数据库的次数，从而提高了算法的效率。

FP-Growth 算法采取如下分治策略：首先，将代表频繁项集的数据库压缩到一棵频繁模式树(FP 树)，该树仍保留项集的关联信息。然后，把这种压缩后的数据库划分成一组条件数据库，每个数据库关联一个频繁项或模式段，并分别挖掘每个条件数据库。对于每个"模式段"，只需要考察它相关联的数据集。因此，随着被考察的模式的"增长"，这种方法可以显著地压缩被搜索的数据集的大小。

FP-Growth 算法的基本思路如下：

(1) 扫描一次事务数据库，找出频繁 1-项集合，记为 L，并把它们按支持度计数的降序进行排列。

(2) 基于 L，再扫描一次事务数据库，构造表示事务数据库中项集关联的 FP 树。

(3) 在 FP 树上递归地找出所有频繁项集。

(4) 最后在所有频繁项集中产生强关联规则。

FP-Growth 算法主要分为两个步骤：FP 树构建和递归挖掘 FP 树。FP 树构建通过两次数据扫描，将原始数据中的事务压缩到一个 FP 树中，该 FP 树类似于前缀树，相同前缀的路径可以共用，从而达到压缩数据的目的。接着通过 FP 树找出每个 item 的条件模式基、条件 FP 树，递归地挖掘条件 FP 树得到所有的频繁项集。算法的主要计算瓶颈在 FP 树的递归挖掘上。

FP-Growth 算法是当前频繁项集挖掘算法中速度最快、应用最广，并且不需要候选项集的一种频繁项集挖掘算法，但是 FP-Growth 算法也存在着结构复杂和空间利用率低等缺点。Relim 算法是在 FP-Growth 算法的基础上提出的一种新的不需要候选项集的频繁项集挖掘算法。它具有算法结构简单，空间利用率高，易于实现等显著优点。

2. Relim 算法

1) Relim 算法的主要思想

Relim 算法的主要思想和 FP-Growth 算法相似，也是基于递归搜索(Recursive Exploration)，但是和 FP-Growth 算法不同的是：Relim 算法在运行时不必创建频繁模式树，而是通过建立一个事务链表组(Transaction Lists)来找出所有频繁项集。

2) Relim 算法的方法描述

为了更好地描述该算法，我们通过一个实例来说明 Relim 算法的挖掘过程。该例基于如图 3.12(a)所示的事务数据集，数据集中有 10 个事务，设最小支持度为 3(min sup=

3/10＝30％）。

Relim 算法的挖掘过程如下：

（1）与 Apriori 算法相同，首先对图 3.12(a)的数据集进行第一次扫描，找出候选 1 项集的集合，并得到它们的支持度计数（频繁性）。然后按照支持度计数递增排列各项集。

（2）将支持度小于最小支持度 3 的元素（图 3.12(b)中的元素 g 和 f）从各事务中消除，然后根据元素的支持度计数递增地将图 3.12(a)

a d e		a d
c d e		e c d
b d		c d
a b c d	g 1	a c b d
b c	f 2	c b
a b d	e 3	a b d
b d e	a 4	e b d
b c e g	b 5	e c b
c d f	c 7	c d
a b d	d 8	a b d
(a)	(b)	(c)

图 3.12　事务数据集

中的事务重新进行排列，如图 3.12(c)所示。注意：事务元素的排列顺序不会影响挖掘结果，但对运行速度有影响。递增排列的运行速度最快，反之则最慢。

（3）为事务数据集中的所有元素都创建一项单向数据链表，并且使每个元素的数据链表都包含一个计数器和一个指针。计数器的值表示在图 3.12(c)中以此元素为头元素的事务总数，称之为头元素数值。指针则用于保存图 3.12(c)中相关事务的关联信息，因此元素的数据链表也被称为事务链表（Transaction List）。把所有事务链表按照图 3.12(b)中元素支持度的计数递增排列，由此就创建了一组事务链表，在本书中称为事务链表组。

（4）按照元素支持度计数由小到大的顺序，首先扫描以 e 元素为头元素的事务链表（简称为 e 事务链表），如发现该链表中有项集的支持度大于或等于最小支持度 3，就将此项集输出。在 e 事务链表中，只有项集{e}的支持度等于 3，所以将{e}输出。扫描完成后，将 e 事务链表的头元素数值设为零，并将 e 事务链表从链表组中删除。

（5）创建一个和第(3)步描述的结构相似的单向数据链表组，链表组保存着将 e 事务链表的头元素除掉后，其后继元素作为头元素的事务关联信息。这个数据链表组称为前缀 e 事务链表组。

（6）将前缀 e 事务链表组和 e 事务链表为空的事务链表组进行合并，得到一个新的事务链表组。

（7）根据第(4)～(6)步所述，递归地对新事务链表组中的第二个事务链表(a 事务链表)进行挖掘。其挖掘结果是：{a}、{a,b}、{a,b,d}、{a,d}的支持度都大于最小支持度 3，将其结果输出。

c	a	c	b	d
0	0	0	0	8

图 3.13　Relim 算法的数据挖掘结果

（8）当挖到最后一个事务链表的时候，事务链表组如图 3.13 所示。该事务链表的计数器的值为 8，而链表指针指向空。输出频繁项集{d}后，结束频繁项集的挖掘。

3.4 数据挖掘的其他方法

3.4.1 多层次数据汇总归纳

数据库中的数据和对象经常包含原始概念层上的详细信息,将一个数据集合归纳成高概念层次信息的数据挖掘技术被称为数据汇总(Data Generalization)。概念汇总将数据库中的相关数据由低概念层抽象到高概念层,主要有数据立方体和面向属性两种方法。

(1) 数据立方体(多维数据库)方法的主要思想是将那些经常查询、代价高昂的运算,如 Count、Sum、Average、Max、Min 等汇总函数具体化,并存储在一个多维数据库中,为决策支持、知识发现及其他应用服务。

(2) 面向属性的抽取方法用一种类 SQL 数据挖掘查询语言表达查询要求,收集相关数据,并利用属性删除、概念层次树、门槛控制、数量传播及集合函数等技术进行数据汇总。汇总数据用汇总关系表示,可以将数据转换为不同类型的知识,或将其映射成不同的表,并从中抽取特征、判别式、分类等相关规则。

面向属性抽取的概念层次树是指某属性所具有的从具体概念值到某概念类的层次关系树。概念层次可由相关领域专家根据属性的领域知识提供,按特定属性的概念层次从一般到具体排序。树的根节点是用 ANY 表示最一般的概念,叶节点是最具体的概念,即属性的具体值,概念层次为归纳分析提供有用的信息,将概念组织为不同的层次,从而在高概念层次上用简单、确切的公式表示规则。

CaiCencone 利用属性值的概念层次关系提出了面向属性的树提升算法,并得到了一阶谓词逻辑表示的规则。面向属性的树提升方法主要是对目标类所有元组的属性值由低到高提升,使原来若干属性值不同的元组成为相同的元组,并进行合并,直到全部元组不超过最大规则数,再将其转换为一阶谓词逻辑表示的规则。

与面向元组的归纳方法相比,面向属性的归纳方法搜索空间减少,运行效率显著提高;对冗余元组的测试在概括属性的所有值后进行,提高了测试效率;最坏时间复杂度为 $O(N\log P)$, N 为元组个数, P 为最终概括关系表中的元组个数。处理过程可利用关系数据库的传统操作。此方法已在数据挖掘系统 DBMINE 中采用,除关系数据库外,也可扩展到面向对象数据库。

多维分析是对具有多个维度和指标所组成的数据模型进行的可视化分析手段的统称。常用的分析方式包括下钻、上卷、切片(切块)、旋转等各种分析操作,以便剖析数据,使分析者、决策者能从多个角度、多个侧面观察数据,从而深入了解包含在数据中的信息和内涵。上卷是在数据立方体中执行聚集操作,通过在维级别中上升或通过消除某个或某些维来观察更概括的数据。上卷的另一种情况是通过消除一个或者多个维来观察更加概括的数据。下钻是在维级别中下降或者通过引入某个或者某些维来更细致地观察数据。切片是在给定的数据立方体的一个维上进行的选择操作。切片的结果是得到一个二维的平面数据(切块是在给定的数据立方体的两个或者多个维上进行选择操作。切块的结果是得到一个子立方块)。旋转相对比较简单,就是改变维的方向。

3.4.2　决策树方法

在博弈论中,常常使用决策树寻找最优决策,这些决策树往往是人工生成的。在数据挖掘过程中,决策树的生成通常是通过对数据的拟合、学习,从数据集中获取一棵决策树。

决策树的形式,从根节点到叶节点的路径就是决策的过程。其本质思路就是使用超平面对数据递归化划分。决策树的生成过程就是对数据集进行反复切割的过程,直到能够把决策类别区分开来为止,切割的过程就形成了一棵决策树。

而实例隶属于决策树每个终端节点的个数,就可以看作该节点的支持度,支持度越大,该规则越有力。

1. 决策树的构造过程

决策树解决的问题:

(1) 选择哪一个属性进行第一次划分?

(2) 什么时候停止继续划分?

对于第一个问题,需要定义由属性进行划分的度量,根据该度量可以计算出对当前数据子集来说最佳的划分属性。对于第二个问题,通常有两种方法:一种是定义一棵停止树进一步生长的条件,另一种是对生成完成的树进行再剪枝。

2. 选择属性进行划分

信息增益方法基于信息熵原理(一种对信息混乱程度的度量)。一般来说,如果信息是均匀混合分布的,信息熵就高。如果信息呈现一致性分布,信息熵就低。在决策树分类中,如果数据子集中的类别混合均匀分布,信息熵就高。如果类别单一分布,信息熵就低。

显然,选择信息熵向最小的方向变化的属性,就能使得决策树迅速达到叶节点,从而能够构造一棵决策树。对于每个数据集/数据子集,信息熵可如下定义:

$$\text{ENT}(D_j) = -\sum_i {}=0c-1 p_i \log 2P_i \text{ENT}(D_j) = -\sum_i {}=0c-1 p_i \log 2P_i \quad (3.9)$$

c 是数据集/子集 D_j 中决策类的个数，p_i 是第 i 个决策类在 D 中的比例。

对于任意一个属性，若将数据集划分为多个数据子集，则该属性的信息增益为未进行划分时的数据集的信息熵与划分后的数据子集的信息熵加权和的差：

$$\mathrm{GAIN}(A) = \mathrm{ENT}(D) - \sum_j {}=0^k \mid D_j \mid \mathrm{DENT}(D_j)\mathrm{GAIN}(A)$$

$$= \mathrm{ENT}(D) - \sum_j {}=0^k \mid D_j \mid \mathrm{DENT}(D_j)$$

A 是候选属性，k 是该属性的分支数，D 是未使用 A 进行划分时的数据集，D_j 是由 A 划分而成的子数据集，$\mid x \mid$ 代表数据集的实例个数。

Gini 系数则是从另一个方面刻画信息的纯度。该方法用于计算从相同的总体中随机选择的两个样本来自不同类别的概率：

$$\mathrm{Gini}(D_j) = 1 - \sum_i {}=0^c - 1 p_i^2 \mathrm{Gini}(D_j) = 1 - \sum_i {}=0^c - 1 p_i^2 \qquad (3.10)$$

c 是数据集/子集 D_j 中决策类的个数，p_i 是第 i 个决策类在 D 中的比例。

于是，对于任意一个属性，若将数据集划分为多个子集，则未进行划分时的数据集的 Gini 系数与划分后的数据子集的 Gini 系数加权和的差为：

$$\mathrm{Gini}(D) - \sum_j {}=1^k D_j D\mathrm{Gini}(D_j)\mathrm{Gini}(D) - \sum_j {}=1^k D_j D\mathrm{Gini}(D_j) \qquad (3.11)$$

在所有属性中，具有最大 $G(A)$ 的属性被选为当前进行划分的节点。

由此可以看出，两者的计算结果是类似的，但是，信息增益方法和 Gini 系数法都有一个问题，即它们都偏向于具有很多不同值的属性，因为多个分支能降低信息熵或 Gini 系数。但决策树划分为很多分支会降低决策树的适用性。

CART 算法只生成二叉树。为生成二叉树，CART 算法使用 Gini 系数测试属性值两两组合，找出最好的二分方法。

C4.5 算法采用信息增益的改进形式增益率来解决问题。增益率在信息增益中引入了该节点的分支信息，对分支过多的情况进行惩罚：

$$\mathrm{GAIN}(A) - \sum_i {}^k {}=1 \mid D_j \mid \mid D \mid \log_2 \mid D_j \mid D\mathrm{GAIN}(A) - \sum_i$$

$$= 1^k \mid D_j \mid \mid D \mid \log_2 \mid D_j \mid D \qquad (3.12)$$

k 为属性 A 的分支数。由此可知，k 越大，增益率越小。

CHAID 方法利用卡方检验来寻找最优的划分属性。对于连续的属性，使用卡方检验方法将其离散化。对于离散属性，使用卡方检验方法查找可以合并的值。

3. 获得大小适合的树

决策树的目的事实上是通过训练集获得一棵简洁的、预测能力强的树。但往往树完全生长会导致预测能力降低，因此最好是恰如其分。定义树停止生长的条件如下。

（1）最小划分实例数：当当前节点对应的数据子集的大小小于指定的最小划分实例数时，即使它们不属于同一类，也不再进行进一步划分。

（2）划分阈值：当使用的划分方法所得的值与其父节点的值的差小于指定的阈值时，不再进行划分。

（3）最大树深度：当进一步划分超过最大树的深度的时候，停止划分。另一种方法是在生成完全决策树之后进行剪枝任务。

在 CART 算法中，对每棵子树构造一个成本复杂性指数（参考误分类错误率和树的结构复杂度），从一系列结构中选择该指数最小的树作为最好的树。其中，误分率需要用一个单独的剪枝集来评估。树的复杂度也通过树的终端节点个数与每个终端节点的成本的积来刻画。

下面以银行贷款决策树为例，利用树结构实现上述的判断流程，如图 3.14 所示。

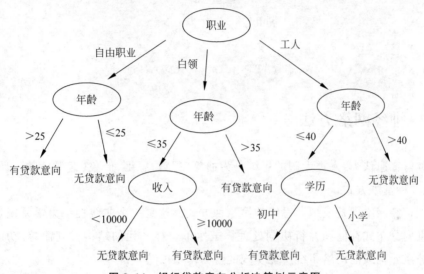

图 3.14 银行贷款意向分析决策树示意图

通过训练数据，我们可以建议如图 3.14 所示的决策树，其输入是用户的信息，输出是用户的贷款意向。如果要判断某一客户是否有贷款的意向，直接根据用户的职业、收入、年龄以及学历就可以分析得出用户的类型。例如某客户的信息为：｛职业，年龄，收入，学历｝＝｛工人，39，1800，小学｝，将信息输入上述决策树，可以得到下列的分析步骤和结论。

第一步：根据该客户的职业进行判断，选择"工人"分支。

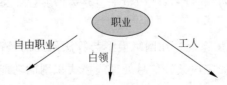

第二步：根据客户的年龄进行选择，选择年龄"≤40"这一分支。

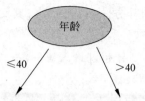

第三步：根据客户的学历进行选择，选择"小学"这一分支，得出该客户无贷款意向的结论。

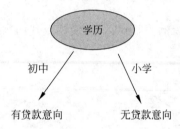

3.4.3　神经网络方法

思维学普遍认为，人类大脑的思维分为抽象（逻辑）思维、形象（直观）思维和灵感（顿悟）思维 3 种基本方式。

人工神经网络就是模拟人思维的第二种方式。这是一个非线性动力学系统，其特色在于信息的分布式存储和并行协同处理。虽然单个神经元的结构极其简单，功能有限，但大量神经元构成的网络系统所能实现的行为却是极其丰富多彩的。

神经网络的研究内容相当广泛，反映了多学科交叉技术领域的特点。主要的研究工作集中在以下几个方面：

（1）生物原型研究。从生理学、心理学、解剖学、脑科学、病理学等生物科学方面研究神经细胞、神经网络、神经系统的生物原型结构及其功能机理。

（2）建立理论模型。根据生物原型的研究，建立神经元、神经网络的理论模型，其中包括概念模型、知识模型、物理化学模型、数学模型等。

（3）网络模型与算法研究。在理论模型研究的基础上构造具体的神经网络模型，以实现计算机模拟或准备制作硬件，包括网络学习算法的研究。这方面的工作也称为技术模型研究。

（4）人工神经网络应用系统。在网络模型与算法研究的基础上，利用人工神经网络组成实际的应用系统，例如完成某种信号处理或模式识别的功能、构造专家系统、制成机器人等。

纵观当代新兴科学技术的发展历史，人类在征服宇宙空间、基本粒子、生命起源等科学技术领域的进程中历经了崎岖不平的道路。我们也会看到，探索人脑功能和神经网络的研究将伴随着重重困难的克服而日新月异。

1. 神经网络的工作原理

人工神经元的研究起源于脑神经元学说。19世纪末，在生物、生理学领域，Waldeger等创建了神经元学说。人们认识到复杂的神经系统是由数目繁多的神经元组合而成的。大脑皮层有100亿个以上的神经元，每立方毫米约有数万个，它们互相连接形成神经网络，通过感觉器官和神经接受来自身体内外的各种信息，传递至中枢神经系统内，经过对信息的分析和综合，再通过运动神经发出控制信息，以此来实现机体与内外环境的联系，协调全身的各种机能活动。

神经元也和其他类型的细胞一样，包括细胞膜、细胞质和细胞核。但是神经细胞的形态比较特殊，具有许多突起，因此又分为细胞体、轴突和树突3部分。细胞体内有细胞核，突起的作用是传递信息。树突是作为引入输入信号的突起，而轴突是作为输出端的突起，它只有一个。

树突是细胞体的延伸部分，它由细胞体发出后逐渐变细，全长各部位都可与其他神经元的轴突末梢相互联系，形成所谓的"突触"。在突触处两神经元并未连通，它只是发生信息传递功能的结合部，联系界面之间的间隙约为$(15\sim50)\times10$米。突触可分为兴奋性与抑制性两种类型，它相当于神经元之间耦合的极性。每个神经元的突触数目最高可达10个。各神经元之间的连接强度和极性有所不同，并且都可调整。基于这一特性，人脑具有存储信息的功能。利用大量神经元相互连接组成人工神经网络可显示出人的大脑的某些特征。

人工神经网络是由大量的简单基本元件——神经元相互连接而成的自适应非线性动态系统。每个神经元的结构和功能比较简单，但大量神经元组合产生的系统行为却非常复杂。

人工神经网络反映了人脑功能的若干基本特性，但并非生物系统的逼真描述，只是某种模仿、简化和抽象。

与数字计算机比较，人工神经网络在构成原理和功能特点等方面更加接近人脑，它不是按给定的程序一步一步地执行运算，而是能够自身适应环境、总结规律，完成某种运算、识别或过程控制。

人工神经网络首先要以一定的学习准则进行学习，然后才能工作。现以人工神经网络对于A、B两个字母的识别为例进行说明，规定当A输入网络时，应该输出1，而当输入为B时，输出为0。

所以网络学习的准则应该是：如果网络做出错误的判决，则通过网络的学习，应使得网络减少下次犯同样错误的可能性。首先，给网络的各连接权值赋予$(0,1)$区间内的随机值，将A所对应的图像模式输入网络，网络将输入模式加权求和，与门限比较，再进行非线性运算，得到网络的输出。在此情况下，网络输出为1和0的概率各为50%，也就是说是完全随机的。

这时如果输出为 1(结果正确)，则使连接权值增大，以便使网络再次遇到 A 模式输入时，仍然能做出正确的判断。如果输出为 0(结果错误)，则把网络连接权值朝着减小综合输入加权值的方向调整，其目的在于使网络下次再遇到 A 模式输入时，减少犯同样错误的可能性。如此操作调整，当给网络轮番输入若干手写字母 A、B 后，经过网络按以上学习方法进行若干次学习后，网络判断的正确率将大大提高。这说明网络对这两个模式的学习已经获得了成功，它已将这两个模式分布地记忆在网络的各个连接权值上。当网络再次遇到其中任何一个模式时，能够做出迅速、准确的判断和识别。一般来说，网络中所含的神经元个数越多，它能记忆、识别的模式也就越多。

2. 神经网络的特点

(1) 人类大脑有很强的自适应与自组织特性，后天的学习与训练可以开发许多各具特色的活动功能。例如盲人的听觉和触觉非常灵敏，聋哑人善于运用手势，训练有素的运动员可以表现出非凡的运动技巧等。

普通计算机的功能取决于程序中给出的知识和能力。显然，对于智能活动，要通过总结编制程序将十分困难。

人工神经网络具有初步的自适应与自组织能力，在学习或训练过程中改变突触权重值，以适应周围环境的要求。同一网络因学习方式及内容不同可具有不同的功能。人工神经网络是一个具有学习能力的系统，可以发展知识，以致超过设计者原有的知识水平。通常，它的学习训练方式可分为两种：一种是有监督学习，或称有导师的学习，这时利用给定的样本标准进行分类或模仿；另一种是无监督学习，或称无导师的学习，这时只规定学习方式或某些规则，具体的学习内容随系统所处的环境(输入信号情况)而异，系统可以自动发现环境特征和规律性，具有更近似人脑的功能。

(2) 泛化能力。泛化能力指对没有训练过的样本，有很好的预测能力和控制能力。特别是，当存在一些有噪声的样本时，网络具备很好的预测能力。

(3) 非线性映射能力。当系统对于设计人员来说很透彻或者很清楚时，一般利用数值分析、偏微分方程等数学工具建立精确的数学模型，但当系统很复杂，或者系统未知、系统信息量很少时，建立精确的数学模型很困难，神经网络的非线性映射能力则表现出优势，因为它不需要对系统进行透彻地了解，但是同时能达到输入与输出的映射关系，这就大大简化了设计的难度。

(4) 高度并行性。并行性具有一定的争议性。承认具有并行性的理由：神经网络是根据人的大脑而抽象出来的数学模型，由于人可以同时做一些事，因此从功能的模拟角度来看，神经网络也应具备很强的并行性。

多少年以来，人们从医学、生物学、生理学、哲学、信息学、计算机科学、认知学、组织协同学等各个角度企图认识并解答上述问题。在寻找上述问题答案的研究过程中，这些年来逐渐形成了一个新兴的多学科交叉技术领域,称为"神经网络"。神经网络的研究涉及众多学科领域,这些领域互相结合、相互渗透并相互推动。不同领域的科学家又从各自学科的兴趣与特色出发,提出了不同的问题,从不同的角度进行研究。

神经网络是所谓深度学习的一个基础,也是必备的知识点,它是以人脑中的神经网络作为启发,最著名的算法就是反向传播(Back Propagation,BP)算法。下面简单地整理一下神经网络的相关参数和计算方法。

1) 多层前向神经网络

多层前向神经网络(Multilayer Feed-Forward Neural Network)由输入层(Input Layer)、隐藏层(Hidden Layer)和输出层(Output Layer)组成。

多层前向神经网络的拓扑结构如图 3.15 所示。

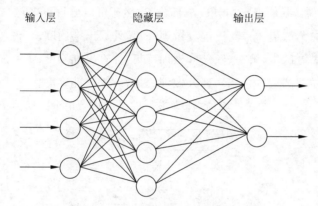

图 3.15 多层前向神经网络的拓扑结构

其特点如下:

(1) 每层由单元(Units)组成。

(2) 输入层是由训练集的实例特征向量传入的。

(3) 经过连接点的权重(Weight)传入下一层,一层的输出是下一层的输入。

(4) 隐藏层的个数可以是任意的,输入层有一层,输出层有一层。

(5) 每个单元也可以称为神经节点,根据生物学来源定义。

(6) 以上包含隐藏层和输出层,称为两层的神经网络,输入层是不算在里面的。

(7) 隐藏层中加权求和,然后根据非线性方程转换输出。

(8) 作为多层前向神经网络,理论上,如果有足够的隐藏层和足够的训练集,可以模拟出任何方程。

2) 设计神经网络结构

(1) 使用神经网络训练数据之前,必须确定神经网络的层数,以及每层单元的个数。

(2) 特征向量在被传入输入层时,通常要先标准化到 0~1(为了加速学习过程)。

(3) 离散型变量可以被编码成每一个输入单元对应一个特征值可能赋的值。

例如，特征值 A 可能取 3 个值（a_0、a_1 和 a_2），可以使用 3 个输入单元来代表 A。

如果 $A=a_0$，那么代表 a_0 的单元值就取 1，其他取 0；如果 $A=a_1$，那么代表 a_1 的单元值就取 1，其他取 0；以此类推。

（4）神经网络既可以用来解决分类（Classification）问题，也可以用来解决回归（Regression）问题。

对于分类问题，如果是 2 类，可以用一个输出单元表示（0 和 1 分别代表 1 类），如果多于 2 类，则每一个类别用一个输出单元表示。

没有明确的规则来设计最好有多少个隐藏层，可以根据实验测试和误差以及精准度来实验并改进。

3）交叉验证方法（cross-Validation）

这里有一堆数据，我们把它切分成三部分（当然还可以分得更多）：

- 第一部分做测试集，第二、三部分做训练集，计算出准确度；
- 第二部分做测试集，第一、三部分做训练集，计算出准确度；
- 第三部分做测试集，第一、二部分做训练集，计算出准确度。

之后计算出三个准确度的平均值，作为最后的准确度，如图 3.16 所示。

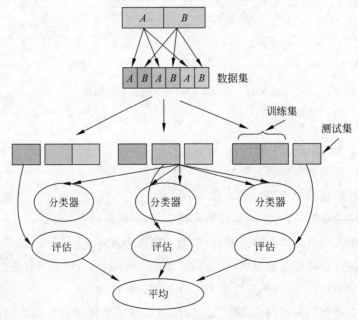

图 3.16 交叉验证方法流程图

4）反向传播算法

通过迭代性来处理训练集中的实例，对比经过神经网络后，输入层预测值与真实值之间的误差，再通过反向传播算法（输出层＝＞隐藏层＝＞输入层）以最小化误差来更新每个连接的权重。

算法的详细介绍如下。

- 输入：D(数据集)、学习率(Learning Rate)、一个多层前向神经网络。
- 输出：一个训练好的神经网络。

(1) 初始化权重和偏向：随机初始化在 $-1 \sim 1$ 或者 $-0.5 \sim 0.5$,每个单元有一个偏向。

(2) 开始对数据进行训练,步骤如下:

① 由输入层向前传送。

② 根据误差(Error)反向传送。

终止条件如下。

- 方法一：权重的更新低于某个阈值。
- 方法二：预测的错误率低于某个阈值。
- 方法三：达到预设一定的循环次数。

3.4.4　覆盖正例排斥反例方法

覆盖正例排斥反例方法是利用覆盖所有正例、排斥所有反例的思想来寻找规则的。首先在正例集合中任选一个种子,到反例集合中逐个比较。与字段取值构成的选择子相容则舍去,相反则保留。按此思想循环所有正例种子,将得到正例的规则(选择子的合取式)。比较典型的算法有 Michalski 的 AQ11 方法、洪家荣改进的 AQ15 方法以及他的 AE5 方法。

AQ 算法共有 4 个输入参数:例子集合 dataSet、solution 集合最大容量 nSOL、consistent 集合最大容量 nCONS、候选表达式的数量 m。此外,还有自定义的优化标准,用以在算法执行过程中发现一些覆盖正例数相同的公式时,如何在这些公式中做出取舍,本书选择的是覆盖反例数最少的。nSOL 等参数会在后面算法的详细执行过程中解释。

AQ 算法返回值时规则 rule。主流程如图 3.17 所示,首先对 dataSet 进行划分,得到全正例集合 PE 和全反例集合 NE。整体思路是:从 PE 中选择一个例子 example 从这个 example 出发执行 induce 函数得到一个最优公式 formula,这个公式一定是一致的,rule= rule∨formula 将 formula 覆盖的所有正例从 PE 中剔除,再从 PE 中重新选择一个例子执行这个过程直到 PE 为空,最后输出 rule。其实很多规则学习算法大体流程都是如此,例如 FOIL、GS 算法等,对正例集 PE 进行遍历,并不断删除新得到公式覆盖的例子。

AQ 算法的核心是 induce 函数,其主要目的是依据输入的例子 example 生成 solution 和 consistent 集合,solution 集合中存放的是一致且完备的公式,consistent 集合中存放的是一致但不完备的公式,如果执行一次后两个集合都没有满,即 solution 大小

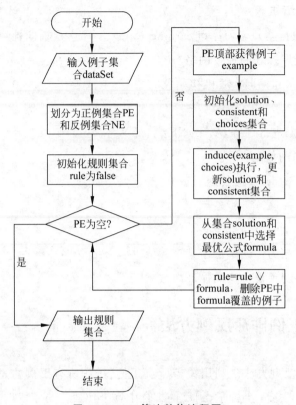

图 3.17 AQ 算法整体流程图

小于 nSOL、consistent 大小小于 nCONS,则会递归调用 induce 函数。AQ 算法的实现流程如图 3.18 所示。

设定 nCONS、nSOL 和 m 均为 1。对于例子 $e1$=(蓝色,淡黄,高),包含 3 个选择子 $x1$=蓝色,$x2$=淡黄,$x3$=高,考察这 3 个选择子的正反例覆盖情况:$x1$=蓝色,覆盖了 1 个正例、1 个反例;$x2$=淡黄,覆盖了 1 个正例、2 个反例;$x3$=高,覆盖了 2 个正例、1 个反例。很明显,这 3 个选择子没有一个是一致的,因此都不能直接加入 solution 或 consistent 集合中。假定 m=1,需要在这 3 个选择子中挑选 1 个进入下一个 induce 循环中,这里我们的选择标准是正例数和反例数的比值,比值越大,优先级就越高。

于是我们选择了 $x3$=高,进入下一次 induce,现在尝试将其与 $x1$=蓝色、$x2$=淡黄进行合取,$x1$=蓝色 $\land x3$=高覆盖了 1 个正例、0 个反例,是一致的,但不完备,$x2$=淡黄 $\land x3$=高覆盖了 1 个正例、1 个反例,不一致。因此,将 $x1$=蓝色 $\land x3$=高作为公式放入 consistent 中,因为事先设定 nCONS=1,因此对于例子 $e1$ 的 induce 执行结束。

比较 consistent 和 solution 集合中所有公式的表现,依然是使用(正例数/反例数)作为评价依据,选出最优的一个公式,这里只有一个 $x1$=蓝色 $\land x3$=高,因此 rule=rule $\lor$ ($x1$=蓝色 $\land x3$=高)。发现新的规则覆盖了 $e1$,于是 PE 剔除 $e1$,继续下一轮循环,选

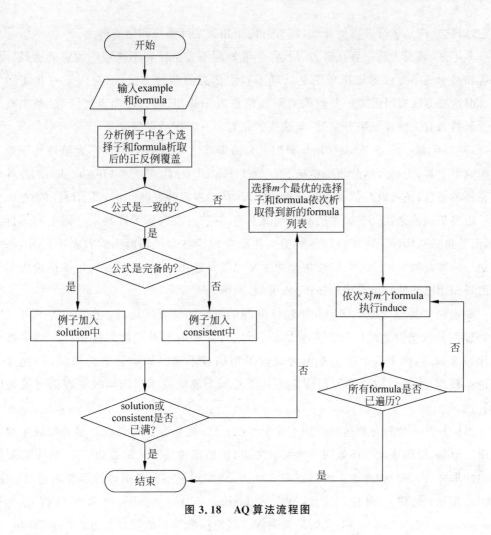

图 3.18 AQ 算法流程图

出 $e3$ 进行 induce。

最终得到一致且完备的规则为 $(x1=蓝色 \wedge x3=高) \vee (x2=黑)$。

3.4.5 粗糙集方法

粗糙集 (Rough Set) 理论是继概率论、模糊集、证据理论之后的又一个处理不确定性的数学工具。作为一种较新的软计算方法,粗糙集近年来越来越受重视,其有效性已在许多科学与工程领域的成功应用中得到证实,是当前国际上人工智能理论及其应用领域的研究热点之一。

在自然科学、社会科学和工程技术的很多领域中,都不同程度地涉及对不确定因素和不完备信息的处理。从实际系统中采集到的数据常常包含噪声,不够精确,甚至不完整。采用纯数学上的假设来消除或回避这种不确定性,效果往往不理想。反之,如果正视它，对这些信息进行合适的处理，常常有助于相关实际系统问题的解决。

多年来，研究人员一直在努力寻找科学地处理不完整性和不确定性的有效途径。模糊集和基于概率方法的证据理论是处理不确定信息的两种方法，已应用于一些实际领域。但这些方法有时需要一些数据的附加信息或先验知识，如模糊隶属函数、基本概率指派函数和有关统计概率分布等，而这些信息有时并不容易得到。

1982年，波兰学者Z. Paw Lak提出了粗糙集理论，它是一种刻画不完整性和不确定性的数学工具，能有效地分析不精确、不一致（Inconsistent）、不完整（Incomplete）等各种不完备的信息，还可以对数据进行分析和推理，从中发现隐含的知识，揭示潜在的规律。

粗糙集理论是建立在分类机制的基础上的，它将分类理解为在特定空间上的等价关系，而等价关系构成了对该空间的划分。粗糙集理论将知识理解为对数据的划分，每一被划分的集合称为概念。粗糙集理论的主要思想是利用已知的知识库，将不精确或不确定的知识用已知的知识库中的知识来（近似）刻画。

该理论与其他处理不确定和不精确问题的理论的显著区别是：它无须提供问题所需处理的数据集合之外的任何先验信息，所以对问题的不确定性的描述或处理可以说是比较客观的，由于这个理论不包含处理不精确或不确定原始数据的机制，因此这个理论与概率论、模糊数学和证据理论等其他处理不确定或不精确问题的理论有很强的互补性。

粗糙集是一种较有前途的处理不确定性的方法，相信今后将会在更多的领域中得到应用。但是，粗糙集理论还处在继续发展之中，正如粗糙集理论的提出人Z. Paw Lak所指出的那样，尚有一些理论上的问题需要解决，诸如用于不精确推理的粗糙逻辑（Rough Logic）方法，粗糙集理论与非标准分析（Nonstandard Analysis）和非参数化统计（Nonparametric statistics）等之间的关系等。将粗糙集与其他软计算方法（如模糊集、人工神经网络、遗传算法等）相综合，发挥出各自的优点，可望设计出具有较高的机器智商（Machine Intelligence Quotient，MIQ）的混合智能系统（Hybrid Intelligent System），这是一个值得努力的方向。

1）知识

"知识"这个概念在不同的范畴内有多种不同的含义。在粗糙集理论中，"知识"被认为是一种分类能力。人们的行为是基于分辨现实的或抽象的对象的能力，如在远古时代，人们为了生存，必须能分辨出什么可以食用，什么不可以食用；医生给病人诊断，必须辨别出患者得的是哪一种病。这些根据事物的特征差别将其分门别类的能力均可以看作是某种"知识"。

2）不可分辨关系

在分类过程中，相差不大的个体被归于同一类，它们的关系就是不可分辨关系（Indiscernibility Relation）。假定只用两种黑白颜色把空间中的物体分割为两类，即｛黑色物体},{白色物体},那么同为黑色的两个物体就是不可分辨的,因为描述它们特征属性的信息相同,都是黑色。

如果再引入方、圆的属性,又可以将物体进一步分割为 4 类,即{黑色方物体},{黑色圆物体},{白色方物体},{白色圆物体}。这时,如果两个物体同为黑色方物体,则它们还是不可分辨的。不可分辨关系是一种等效关系(Equivalence Relationship),两个白色圆物体间的不可分辨关系可以理解为它们在白、圆两种属性下存在等效关系。

3) 基本集

基本集(Elementary Set)定义为由论域中相互间不可分辨的对象组成的集合,它是组成论域知识的颗粒。不可分辨关系这一概念在粗糙集理论中十分重要,它深刻地揭示出知识的颗粒状结构是定义其他概念的基础。知识可认为是一族等效关系,它将论域分割成一系列的等效类。

4) 集合

粗糙集理论延拓了经典的集合论,把用于分类的知识嵌入集合内,作为集合组成的一部分。一个对象 a 是否属于集合 X,需根据现有的知识来判断,可分为 3 种情况:

(1) 对象 a 肯定属于集合 X。

(2) 对象 a 肯定不属于集合 X。

(3) 对象 a 可能属于集合 X,也可能不属于集合 X。

集合的划分密切依赖于我们所掌握的关于论域的知识,是相对的,而不是绝对的。给定一个有限的非空集合 U,称为论域,I 为 U 中的一组等效关系,即关于 U 的知识,则二元对 $K=(U,I)$ 称为一个近似空间(Approximation Space)。设 x 为 U 中的一个对象,X 为 U 的一个子集,$I(x)$ 表示所有与 x 不可分辨的对象所组成的集合,换句话说,是由 x 决定的等效类,即 $I(x)$ 中的每个对象都与 x 有相同的特征属性(Attribute)。

在数据库中,将行元素看成对象,将列元素看成属性(分为条件属性和决策属性)。等价关系 R 定义为不同对象在某个或几个属性上取值相同,满足等价关系的对象组成的集合被称为等价关系 R 的等价类。条件属性上的等价类 E 与决策属性上的等价类 Y 之间的关系分为以下 3 种情况。

(1) 下近似:Y 包含 E。对下近似建立确定性规则。

(2) 上近似:Y 和 E 的交非空。对上近似建立不确定性规则(含可信度)。

(3) 无关:Y 和 E 的交为空。无关情况不存在规则。

5) 粗糙集的特点

粗糙集方法的简单实用性是令人惊奇的,它能在创立后的不长时间内得到迅速应用是因为具有以下特点:

(1) 它能处理各种数据,包括不完整(Incomplete)的数据以及拥有众多变量的数据。

(2) 它能处理数据的不精确性和模棱两可(Ambiguity),包括确定性和非确定性的情况。

(3) 它能求得知识的最小表达(Reduct)和知识的各种不同颗粒(Granularity)层次。

(4) 它能从数据中揭示出概念简单、易于操作的模式(Pattern)。

(5) 它能产生精确而又易于检查和证实的规则,适用于智能控制中规则的自动生成。

6) 粗糙集理论的应用

粗糙集理论是一门实用性很强的学科,从诞生到现在虽然只有十几年的时间,但已经在不少领域取得了丰硕的成果,如近似推理、数字逻辑分析和化简、建立预测模型、决策支持、控制算法获取、机器学习算法和模式识别等。粗糙集能有效地处理下列问题:

(1) 不确定或不精确知识的表达。

(2) 经验学习并从经验中获取知识。

(3) 不一致信息的分析。

(4) 根据不确定、不完整的知识进行推理。

(5) 在保留信息的前提下进行数据化简。

(6) 识别并评估数据之间的依赖关系。

7) 神经网络样本化简

人工神经网络具有并行处理、高度容错和泛化能力强的特点,适合应用于预测、复杂对象建模和控制等场合。但是当神经网络规模较大、样本较多时,训练时间过于漫长,这个固有缺点是制约神经网络进一步实用化的一个主要因素。虽然各种提高训练速度的算法不断出现,问题远未彻底解决。化简训练样本集,消除冗余数据是另一条提高训练速度的途径。

8) 控制算法获取

实际系统中有很多复杂对象难以建立严格的数学模型,这样传统的基于数学模型的控制方法就难以奏效。模糊控制模拟人的模糊推理和决策过程,将操作人员的控制经验总结为一系列语言控制规则,具有稳健性和简单性的特点,在工业控制等领域发展较快。但是有些复杂对象的控制规则难以人工提取,这样就在一定程度上限制了模糊控制的应用。

粗糙集能够自动抽取控制规则的特点为解决这一难题提供了新的手段。一种新的控制策略——模糊-粗糙控制(Fuzzy-Rough Control)正悄然兴起,成为一个有吸引力的发展方向。有学者应用这种控制方法研究了"小车-倒立摆系统"这一经典控制问题和水泥窑炉的过程控制问题,均取得了较好的控制效果。应用粗糙集进行控制的基本思路是:把控制过程的一些有代表性的状态以及操作人员在这些状态下所采取的控制策略都记录下来,然后利用粗糙集理论处理这些数据,分析操作人员在哪种条件下采取哪种控制策略,总结出了一系列控制规则,分别说明如下:

- 规则 1：IF Condition 1 满足 THEN 采取 decision 1。
- 规则 2：IF Condition 2 满足 THEN 采取 decision 2。
- 规则 3：IF Condition 3 满足 THEN 采取 decision 3。

这种根据观测数据获得控制策略的方法通常被称为从范例中学习(Learning From Examples)。粗糙控制(Rough Control)与模糊控制都是基于知识、基于规则的控制,但粗糙控制更加简单迅速,实现容易(因为粗糙控制有时可省去模糊化及去模糊化的步骤);另一个优点在于控制算法可以完全来自数据本身,所以从软件工程的角度来看,其决策和推理过程与模糊(或神经网络)控制相比很容易被检验和证实(Validate)。有研究指出,在特别要求控制器结构与算法简单的场合,更适合采取粗糙控制。

9) 决策支持系统

面对大量的信息以及各种不确定因素,要做出科学、合理的决策是非常困难的。决策支持系统是一组协助制定决策的工具,其重要特征就是能够执行 IF THEN 规则进行判断分析。粗糙集理论可以在分析以往大量经验数据的基础上找到这些规则,基于粗糙集的决策支持系统在这方面弥补了常规决策方法的不足,允许决策对象中存在一些不太明确、不太完整的属性,并经过推理得出基本上肯定的结论。

3.4.6 遗传算法

遗传算法(Genetic Algorithm,GA)最早是由美国的 Johnholland 于 20 世纪 70 年代提出的,该算法是根据大自然中生物体的进化规律而设计提出的。该算法通过数学的方式,利用计算机仿真运算,将问题的求解过程转换成类似生物进化中的染色体基因的交叉、变异等过程。在求解较为复杂的组合优化问题时,相对一些常规的优化算法,通常能够较快地获得较好的优化结果。遗传算法已被人们广泛地应用于组合优化、机器学习、信号处理、自适应控制和人工生命等领域。

自然演变是一种基于群体的优化过程,在计算机上对这个过程进行仿真,产生了随机优化技术,在应用于解决现实世界中的难题时,这种技术常胜过经典的优化方法,遗传算法就是根据自然演变法则开发出来的。

遗传算法的起源可追溯到 20 世纪 60 年代初期。1967 年,美国密歇根大学 J. Holland 教授的学生 Bagley 在他的博士论文中首次提出了遗传算法这一术语,并讨论了遗传算法在博弈中的应用,但早期研究缺乏带有指导性的理论和计算工具的开拓。1975 年,J. Holland 等出版了专著《自然系统和人工系统的适配》,在书中系统地阐述了遗传算法的基本理论和方法,提出了对遗传算法理论研究极为重要的模式理论,推动了遗传算法的发展。20 世纪 80 年代后,遗传算法进入兴盛发展时期,被广泛应用于自动控制、生产计划、图像处理、机器人等研究领域。

1. 遗传算法的基本原理

遗传算法是不需要求导的随机优化方法，它以自然选择和演变过程为基础，但是联系又是不牢靠的。遗传算法是模拟达尔文生物进化论的自然选择和遗传学机理的生物进化过程的计算模型，是　种通过模拟自然进化过程搜索最优解的方法。遗传算法是从代表问题可能潜在的解集的一个种群（Population）开始的，而一个种群则由经过基因（Gene）编码的一定数目的个体（individual）组成。每个个体实际上是染色体（Chromosome）带有特征的实体。染色体作为遗传物质的主要载体，即多个基因的集合，其内部表现（基因型）是某种基因组合，它决定了个体的形状的外部表现，如黑头发的特征是由染色体中控制这一特征的某种基因组合决定的。因此，在一开始需要实现从表现型到基因型的映射，即编码工作。由于仿照基因编码的工作很复杂，我们往往需要进行简化，如二进制编码，初代种群产生之后，按照适者生存和优胜劣汰的原理，逐代（Generation）演化产生越来越好的近似解，在每一代，根据问题域中个体的适应度（Fitness）大小选择（Selection）个体，并借助自然遗传学的遗传算子（Genetic Operator）进行组合交叉（Crossover）和变异（Mutation），产生代表新的解集的种群。这个过程将导致种群像自然进化一样的后生代种群比前代更加适应环境，末代种群中的最优个体经过解码（Decoding），可以作为问题近似最优解。

2. 遗传算法的特性

遗传算法是解决搜索问题的一种通用算法，对于各种通用问题都可以使用。搜索算法的共同特征如下：

（1）首先组成一组候选解。

（2）依据某些适应性条件测算这些候选解的适应度。

（3）根据适应度保留某些候选解，放弃其他候选解。

（4）对保留的候选解进行某些操作，生成新的候选解。

在遗传算法中，上述几个特征以一种特殊的方式组合在一起：基于染色体群的并行搜索，带有猜测性质的选择操作、交换操作和突变操作。这种特殊的组合方式将遗传算法与其他搜索算法区分开来。

遗传算法还具有以下几方面的特点：

（1）算法从问题解的串集开始搜索，而不是从单个解开始。这是遗传算法与传统优化算法的极大区别。传统优化算法是从单个初始值迭代求最优解的，容易误入局部最优解。遗传算法从串集开始搜索，覆盖面大，有利于全局择优。

（2）遗传算法同时处理群体中的多个个体，即对搜索空间中的多个解进行评估，减少了陷入局部最优解的风险，同时算法本身易于实现并行化。

（3）遗传算法基本上不用搜索空间的知识或其他辅助信息，而仅用适应度函数值来评估个体,在此基础上进行遗传操作。适应度函数不仅不受连续可微的约束,而且其定义域可以任意设定。这一特点使得遗传算法的应用范围大大扩展。

(4)遗传算法不是采用确定性规则,而是采用概率的变迁规则来指导它的搜索方向。

(5)具有自组织、自适应和自学习性。遗传算法利用进化过程获得的信息自行组织搜索时,适应度大的个体具有较高的生存概率,并获得更适应环境的基因结构。

(6)此外,算法本身也可以采用动态自适应技术,在进化过程中自动调整算法控制参数和编码精度,例如使用模糊自适应法。

3. 遗传算法的基本运算

(1)初始化:设置进化代数计数器 $t=0$,设置最大进化代数 T,随机生成 M 个个体作为初始群体 $P(0)$。

(2)个体评价:计算群体 $P(t)$ 中各个个体的适应度。

(3)选择运算:将选择算子作用于群体。选择的目的是把优化的个体直接遗传到下一代或通过配对交叉产生新的个体再遗传到下一代。选择操作是建立在群体中个体的适应度评估基础上的。

(4)交叉运算:将交叉算子作用于群体。遗传算法中起核心作用的就是交叉算子。

(5)变异运算:将变异算子作用于群体,即对群体中的个体串的某些基因座上的基因值进行变动。群体 $P(t)$ 经过选择、交叉、变异运算之后得到下一代群体 $P(t+1)$。

(6)终止条件判断:若 $t=T$,则以进化过程中所得到的具有最大适应度的个体作为最优解输出,终止计算。

4. 用遗传算法进行优化

(1)编码方案和初始化。

(2)适合度设计。

(3)选择。

(4)交叉。

(5)突变。

这是采用遗传算法进行优化的5个步骤。

5. 遗传算法的简单例证

要对某个问题应用遗传算法,必须定义或选择以下5部分:

(1)为问题的潜在解选择遗传表述或编码方案。

(2)一种创建潜在解的初始群体的方法。

(3)一个评价函数,它扮演着环境的决策,根据"适合度"对解进行评级。

(4)改变后代成分的遗传算子。

（5）遗传算法使用的不同参数值（群体大小、应用算子的比率等）。

6. 遗传算法的不足之处

（1）编码不规范及编码存在表示的不准确性。

（2）单一的遗传算法编码不能全面地将优化问题的约束表示出来。考虑约束的一个方法就是对不可行解采用阈值，这样计算的时间必然增加。

（3）通常遗传算法的效率比其他传统的优化方法低。

（4）遗传算法容易过早收敛。

（5）遗传算法在算法的精度、可行度、计算复杂性等方面还没有有效的定量分析方法。

7. 遗传算法的应用

由于遗传算法的整体搜索策略和优化搜索方法在计算时不依赖于梯度信息或其他辅助知识，而只需要影响搜索方向的目标函数和相应的适应度函数，因此遗传算法提供了一种求解复杂系统问题的通用框架，它不依赖于问题的具体领域，对问题的种类有很强的稳健性，广泛应用于许多科学。下面介绍遗传算法的一些主要应用领域。

1）函数优化

函数优化是遗传算法的经典应用领域，也是遗传算法进行性能评价的常用算例，许多人构造出了各种各样复杂形式的测试函数：连续函数和离散函数、凸函数和凹函数、低维函数和高维函数、单峰函数和多峰函数等。对于一些非线性、多模型、多目标的函数优化问题，用其他优化方法较难求解，而遗传算法可以方便地得到较好的结果。

2）组合优化

随着问题规模的增大，组合优化问题的搜索空间也急剧增大，有时在计算上用枚举法很难求出最优解。对于这类复杂的问题，人们已经意识到应把主要精力放在寻求满意解上，而遗传算法是寻求这种满意解的最佳工具之一。实践证明，遗传算法对于组合优化中的 NP 问题非常有效。例如遗传算法已经在求解旅行商问题、背包问题、装箱问题、图形划分问题等方面得到成功的应用。

此外，GA 也在生产调度问题、自动控制、机器人学、图像处理、人工生命、遗传编码和机器学习等方面获得了广泛的运用。

3）车间调度

车间调度问题是一个典型的 NP-Hard 问题，遗传算法作为一种经典的智能算法，广泛用于车间调度中，很多学者都致力于用遗传算法解决车间调度问题，现今也取得了十分丰硕的成果。从最初的传统车间调度问题（JSP）到柔性作业车间调度问题（FJSP），遗传算法都有优异的表现，在很多算例中都得到了最优或近优解。

3.4.7　公式发现

在工程和科学数据库中，对若干数据项进行一定的数学运算，可求得相应的数学公式。BACON 发现系统完成了对物理学的大量定律的重新发现。下面重点介绍 FDD 公式发现系统。

FDD 系统的基本思想是利用人工智能启发式搜索函数原型寻找具有最佳线性逼近关系的函数原型，并结合曲线拟合技术及可视化技术来寻找数据间的规律。

启发式方法是求解人工智能问题的一个重要方法。一般启发式方法是建立启发式函数，用以引导搜索方向，以便用尽量少的搜索次数，从开始状态达到最终状态。FDD 系统在执行搜索的过程中，对原型函数进行搜索以及对它们的组合函数进行搜索，也是一种组合爆炸现象。为解决这一问题，在设计系统时采用了启发式方法来实现。对某一变量取初等函数，和另一变量的初等函数或原始数据进行线性组合，即从原型库中选取逼近效果最好的少数几个初等函数作为基函数，并进一步形成组合函数，直至找到最后的目标函数。

FDD 算法的基本思想是不断对两组变量进行学习，找出学习后两组变量的数学关系式。具体做法是：首先固定变量 x_2，对 x_1 进行学习，即在现有原型库的基础上，对变量 x_1 进行匹配，得到一组新的数据 x_1'。将两组数据代入知识库中的启发式函数关系式，用最小二乘法求出 a、b 系数，将求出的 a、b 系数代入误差分析模块中的线性逼近误差公式，若求出的误差小于一个给定值，则学习成功，否则继续重复以上操作。如此循环下去，直到最后得出的误差值小于一个给定值。

FDD 算法主要包括以下 3 个步骤。

(1) 匹配步骤：对变量的学习过程。原型库中变量的选取尤为重要，函数选取恰当会起到事半功倍的效果；选取不当，FDD 算法的搜索方向会偏离预期的搜索方向，误差会随着搜索层数的增加而增加。原型库中函数原型的数量越多，变量的学习范围就越大，这样最佳的拟合函数就越容易挖掘到。

(2) 系数求解步骤：采用最小二乘法。将学习后的变量代入系统的启发式，$f(x_2)=a+bf_1(x_1)$ 中，组合成一个二元一次方程组，方程组的解就是所求的 a、b 系数。

(3) 误差求解步骤：分别求出每组变量的相对误差并求和。

从对 FDD 算法的分析中可以看出，要想找出最佳的拟合公式，就要反复进行以上的 3 步操作。对于第一个步骤，无休止地对变量进行匹配，最后得出的函数关系式并不是一个反映直观概念的关系式，因此有必要对匹配的层数硬性规定一个范围，如果层数达到最大限制，就要考虑选用搜索的其他方向。

3.4.8　统计分析方法

在数据库字段项之间存在两种关系：函数关系（能用函数公式表示的确定性关系）和相关关系（不能用函数公式表示，但仍是相关确定性关系），对它们的分析可采用回归分析、相关分析、主成分分析等方法。

统计分析方法包括逻辑思维方法和数量关系分析方法。在统计分析中，二者密不可分，应结合运用。

1. 逻辑思维方法

逻辑思维方法是指辩证唯物主义认识论的方法。统计分析必须以马克思主义哲学作为世界观和方法论的指导。唯物辩证法对于事物的认识要从简单到复杂，从特殊到一般，从偶然到必然，从现象到本质。坚持辩证的观点、发展的观点，从事物的发展变化中观察问题，从事物的相互依存、相互制约中分析问题，对统计分析具有重要的指导意义。

2. 数量关系分析方法

数量关系分析方法是运用统计学中论述的方法对社会经济现象的数量表现，包括社会经济现象的规模、水平、速度、结构比例、事物之间的联系进行分析的方法，如对比分析法、平均和变异分析法、综合评价分析法、结构分析法、平衡分析法、动态分析法、因素分析法、相关分析法等。

1) 回归分析法

在大数据分析中，回归分析是一种预测性的建模技术，它研究的是因变量（目标）和自变量（预测器）之间的关系。这种技术通常用于预测分析、时间序列模型以及发现变量之间的因果关系。例如，司机的鲁莽驾驶与道路交通事故数量之间的关系，最好的研究方法就是回归方法。

有各种各样的回归技术用于预测。这些技术主要有 3 个度量，分别是自变量的个数、因变量的类型以及回归线的形状。

（1）线性回归。

线性回归（Linear Regression）是最为人熟知的建模技术之一。线性回归通常是人们在学习预测模型时首选的技术之一。在这种技术中，因变量是连续的，自变量可以是连续的，也可以是离散的，回归线的性质是线性的。

线性回归使用最佳的拟合直线（也就是回归线）在因变量（Y）和一个或多个自变量（X）之间建立一种关系。

多元线性回归可表示为 $Y = a + b_1 \times X_1 + b_2 \times X_2 + e$，其中 a 表示截距，b 表示直线的斜率，e 是误差项。多元线性回归可以根据给定的预测变量（s）来预测目标变量的值。

（2）逻辑回归。

逻辑回归（Logistic Regression）用来计算"事件＝Success"和"事件＝Failure"的概率。当因变量的类型属于二元（1/0，真/假，是/否）变量时，应该使用逻辑回归。这里，Y 的值为 0 或 1，它可以用以下方程表示。

$$odds = p/(1-p) = 事件发生的概率 / 事件未发生的概率$$

$$\ln(odds) = \ln(p/(1-p))$$

$$Logit(p) = \ln(p/(1-p)) = b_0 + b_1 \times 1 + b_2 \times 2 + b_3 \times 3 + \cdots + b_k \times k$$

上述式子中，p 表述具有某个特征的概率。你应该会问这样一个问题："为什么要在公式中使用对数函数 ln 呢？"

因为在这里使用的是二项分布（因变量），需要选择一个对于这个分布最佳的连接函数，它就是 Logit 函数。在上述方程中，通过观测样本的极大似然估计值来选择参数，而不是最小化平方和误差（如在普通回归中使用）。

（3）多项式回归。

对于一个回归方程，如果自变量的指数大于 1，它就是多项式回归（Polynomial Regression）方程。例如以下方程：

$$y = a + b \times x^2$$

在这种回归技术中，最佳拟合线不是直线，而是一个用于拟合数据点的曲线。

（4）逐步回归。

在处理多个自变量时，可以使用逐步回归（Stepwise Regression）。在这种技术中，自变量的选择是在一个自动的过程中完成的，其中包括非人为操作。

这一壮举通过观察统计的值（如 R-square、t-stats 和 AIC 指标）来识别重要的变量。逐步回归通过同时添加/删除基于指定标准的协变量来拟合模型。下面列出一些常用的逐步回归方法：

- 标准逐步回归法做两件事情，即增加和删除每个步骤所需的预测。
- 向前选择法从模型中最显著的预测开始，为每一步添加变量。
- 向后剔除法与模型的所有预测同时开始，然后在每一步消除最小显著性的变量。

这种建模技术的目的是使用最少的预测变量数来最大化预测能力。这也是处理高维数据集的方法之一。

（5）岭回归。

当数据之间存在多重共线性（自变量高度相关）时，就需要使用岭回归（Ridge Regression）分析。在存在多重共线性时，尽管普通最小二乘法（Ordinary Least Squares，OLS）测得的估计值不存在偏差，它们的方差也会很大，从而使得观测值与真实值相差甚远。岭回归通过给回归估计值添加一个偏差值来降低标准误差。

在线性等式中，预测误差可以划分为 2 个分量，一个是偏差造成的，另一个是方差造成的。预测误差可能会由这两者或两者中的任何一个造成。在这里将讨论由方差造成的误差。

岭回归通过收缩参数 λ（Lambda）解决多重共线性问题。请看下面的等式：

$$L_2 = \mathrm{argmin} \parallel y = x\boldsymbol{\beta} \parallel + \lambda \parallel \boldsymbol{\beta} \parallel$$

在这个公式中，有两个组成部分。一个是最小二乘项，另一个是 $\boldsymbol{\beta}$ 的 λ 倍，其中 $\boldsymbol{\beta}$ 是相关系数向量，与收缩参数一起添加到最小二乘项中以得到一个非常低的方差。

（6）套索回归。

套索回归（Lasso Regression）类似于岭回归，LASSO（Least Absolute Shrinkage and Selection Operator）也会就回归系数向量给出惩罚值项。此外，它能够减少变化程度并提高线性回归模型的精度。请看下面的公式：

$$L_1 = \mathrm{agrmin} \parallel y - x\boldsymbol{\beta} \parallel + \lambda \parallel \boldsymbol{\beta} \parallel$$

LASSO 回归与 Ridge 回归有一点不同，它使用的惩罚函数是 L_1 范数，而不是 L_2 范数。这导致惩罚（或等于约束估计的绝对值之和）值使一些参数估计结果等于零。使用的惩罚值越大，进一步估计会使得缩小值越趋近于零。这将导致要从给定的 n 个变量中选择变量。

如果预测的一组变量是高度相关的，LASSO 会选出其中一个变量并且将其他的变量收缩为零。

（7）ElasticNet 回归。

ElasticNet 是 LASSO 和 Ridge 回归技术的混合体。它使用 L_1 来训练并且 L_2 优先作为正则化矩阵。当有多个相关的特征时，ElasticNet 是很有用的。LASSO 会随机挑选它们中的一个，而 ElasticNet 则会选择两个。

LASSO 和 Ridge 之间的实际优点是，它允许 ElasticNet 继承循环状态下 Ridge 的一些稳定性。

2）相关分析法

相关分析就是对总体中确实具有联系的标志进行分析，其主体是对总体中具有因果关系标志的分析。相关分析是描述客观事物相互间关系的密切程度并用适当的统计指标表示出来的过程。在一段时期内，出生率随经济水平的上升而上升，这说明两个指标间是正相关关系；而在另一时期，随着经济水平的进一步发展，出现出生率下降的现象，两个指标间就是负相关关系。

为了确定相关变量之间的关系，首先应该收集一些数据，这些数据应该是成对的。例如，每个人的身高和体重。然后在直角坐标系上描述这些点，这一组点集称为"散点图"。

根据散点图，当自变量取某一值时，因变量对应为一个概率分布，如果对于所有的自变量取值的概率分布都相同，则说明因变量和自变量是没有相关关系的。反之，如果自变量的取值不同,因变量的分布也不同,则说明两者是存在相关关系的。

两个变量之间的相关程度通过相关系数 r 来表示。相关系数 r 的值在-1 和 1 之间,但可以是此范围内的任何值。正相关时,r 值在 0 和 1 之间,散点图是斜向上的,这时一个变量增加,另一个变量也增加;负相关时,r 值在-1 和 0 之间,散点图是斜向下的,此时一个变量增加,另一个变量将减少。r 的绝对值越接近 1,两个变量的关联程度就越强,r 的绝对值越接近 0,两个变量的关联程度就越弱。

相关分析与回归分析在实际应用中有密切的关系。然而在回归分析中,所关心的是一个随机变量 Y 对另一个(或一组)随机变量 X 的依赖关系的函数形式。在相关分析中,所讨论的变量的地位一样,分析侧重于随机变量之间的种种相关特征。例如,以 X、Y 分别记小学生的数学与语文成绩,感兴趣的是二者的关系如何,而不在于由 X 去预测 Y。

要确定相关关系的存在,相关关系呈现的形态和方向,相关关系的密切程度,主要方法是绘制相关图表和计算相关系数。

(1) 相关表。

编制相关表前,首先要通过实际调查取得一系列成对的标志值资料作为相关分析的原始数据。

相关表的分类:简单相关表和分组相关表。单变量分组相关表:自变量分组并计算次数,而对应的因变量不分组,只计算其平均值,该表的特点是使冗长的资料简化,能够更清晰地反映出两个变量之间的相关关系。双变量分组相关表:自变量和因变量都进行分组而制成的相关表,这种表形似棋盘,故又称棋盘式相关表。

(2) 相关图。

利用直角坐标系第一象限把自变量置于横轴上,因变量置于纵轴上,而将两个变量相对应的变量值用坐标点形式描绘出来,用以表明相关点分布状况的图形。相关图被形象地称为相关散点图。因素标志分了组,结果标志表现为组平均数,所绘制的相关图就是一条折线,这种折线又叫相关曲线。

(3) 相关系数。

① 相关系数是按积差方法计算,同样以两个变量与各自平均值的离差为基础,通过两个离差相乘来反映两个变量之间的相关程度,着重研究线性的单相关系数。

② 确定相关关系的数学表达式。

③ 确定因变量估计值误差的程度。

3) 主成分分析法

主成分分析(Principal Component Analysis,PCA)是一种统计方法。通过正交变换将一组可能存在相关性的变量转换为一组线性不相关的变量,转换后的这组变量叫主成分。

在用统计分析方法研究多变量的课题时,变量个数太多就会增加课题的复杂性。人们自然希望变量个数较少而得到的信息较多。在很多情形下，变量之间是有一定的相关关系的，当两个变量之间有一定的相关关系时，可以解释为这两个变量反映此课题的信息有一定的重叠。主成分分析是对于原先提出的所有变量，将重复的变量（关系紧密的变量）删去多余部分，建立尽可能少的新变量，使得这些新变量是两两不相关的，而且这些新变量在反映课题的信息方面尽可能保持原有的信息。

设法将原来的变量重新组合成一组新的互不相关的几个综合变量，同时根据实际需要从中取出几个较少的综合变量，尽可能多地反映原来的变量的信息的统计方法叫作主成分分析，或称为主分量分析，这是数学上用来降维的一种方法。

（1）基本思想。

主成分分析是设法将原来众多具有一定相关性的指标（例如 P 个指标），重新组合成一组新的互不相关的综合指标来代替原来的指标。

主成分分析是考查多个变量间的相关性的一种多元统计方法，研究如何通过少数几个主成分来揭示多个变量间的内部结构，即从原始变量中导出少数几个主成分，使它们尽可能多地保留原始变量的信息，且彼此间互不相关。通常数学上的处理就是将原来的 P 个指标进行线性组合，作为新的综合指标。

最经典的做法就是用 F_1（选取的第一个线性组合，即第一个综合指标）的方差来表达，即 $\mathrm{Var}(F_1)$ 越大，表示 F_1 包含的信息越多。因此，在所有的线性组合中，选取的 F_1 应该是方差最大的，故称 F_1 为第一主成分。如果第一主成分不足以代表原来的 P 个指标的信息，再考虑选取 F_2，即选取第二个线性组合。为了有效地反映原来的信息，F_1 已有的信息就不需要再出现在 F_2 中，用数学语言表达就是要求 $\mathrm{Cov}(F_1, F_2)=0$，则称 F_2 为第二主成分，以此类推，可以构造出第三主成分，第四主成分，……，第 P 主成分。

（2）步骤。

$$F_p = a_{1i} \cdot ZX_1 + a_{2i} \cdot ZX_2 + \cdots + a_{pi} \cdot ZX_p$$

其中 $a_{1i}, a_{2i}, \cdots, a_{pi}(i=1, \cdots, m)$ 为 X 的协方差阵 $\boldsymbol{\Sigma}$ 的特征值所对应的特征向量，$ZX_1, ZX_2, \cdots, ZX_p$ 是原始变量经过标准化处理的值，因为在实际应用中，往往存在指标的量纲不同，所以在计算之前需先消除量纲的影响，而将原始数据标准化，本书所采用的数据就存在量纲影响（注：本书指的数据标准化是指 Z 标准化）。

$\boldsymbol{A} = (a_{ij}) p \cdot m = (\boldsymbol{a}_1, \boldsymbol{a}_2, \cdots, \boldsymbol{a}_m)$，$\boldsymbol{R a}_i = \lambda_i \boldsymbol{a}_i$，$\boldsymbol{R}$ 为相关系数矩阵，λ_i、$\boldsymbol{a}_i$ 是相应的特征值和单位特征向量，$\lambda_1 \geqslant \lambda_2 \geqslant \cdots \geqslant \lambda_p \geqslant 0$。

进行主成分分析的主要步骤如下：

① 指标数据标准化（SPSS 软件自动执行）。

② 指标之间的相关性判定。

③ 确定主成分个数 m。

④ 主成分 F_i 表达式。

⑤ 主成分 F_i 命名。

（3）基本原理。

主成分分析法是一种降维的统计方法，它借助一个正交变换，将其分量相关的原随机向量转换成其分量不相关的新随机向量，这在代数上表现为将原随机向量的协方差阵变换成对角形阵，在几何上表现为将原坐标系变换成新的正交坐标系，使之指向样本点散布最开的 p 个正交方向，然后对多维变量系统进行降维处理，使之能以一个较高的精度转换成低维变量系统，再通过构造适当的价值函数，进一步把低维系统转换成一维系统。

（4）主成分分析的主要作用。

概括来说，主成分分析主要有以下几个方面的作用。

① 主成分分析能降低所研究的数据空间的维数，即用研究 m 维的 Y 空间代替 p 维的 X 空间（$m < p$），而低维的 Y 空间代替高维的 X 空间所损失的信息很少。即使只有一个主成分 Y_1（$m = 1$），这个 Y_1 仍是使用全部 X 变量（p 个）得到的。例如要计算 Y_1 的均值，也得使用全部 X 的均值。在所选的前 m 个主成分中，如果某个 X_i 的系数全部近似于零，就可以把这个 X_i 删除，这也是一种删除多余变量的方法。

② 有时可通过因子负荷 a_{ij} 的结论弄清 X 变量间的某些关系。

③ 多维数据的一种图形表示方法。我们知道当维数大于 3 时，便不能画出几何图形，多元统计研究的问题大都多于 3 个变量。要把研究的问题用图形表示出来是不可能的。然而，经过主成分分析后，我们可以选取前两个主成分或其中某两个主成分，根据主成分的得分，画出 n 个样品在二维平面上的分布情况，由图形可以直观地看出各样品在主分量中的地位，进而对样本进行分类处理，可以由图形发现远离大多数样本点的离群点。

④ 由主成分分析法构造回归模型，即把各主成分作为新自变量代替原来的自变量 x 进行回归分析。

⑤ 用主成分分析筛选回归变量。回归变量的选择有着重要的实际意义，为了使模型本身易于进行结构分析、控制和预报，以便从原始变量所构成的子集合中选择最佳变量，构成最佳变量集合。用主成分分析筛选变量，可以用较少的计算量来选择量，以获得选择最佳变量子集合的效果。

（5）主成分分析法的优点。

主成分分析法的优点是方法简单，工作量小。

（6）主成分分析法的缺点。

主成分分析法的缺点是定额的准确性差，可靠性差。

① 对历史统计数据的完整性和准确性要求高，否则制定的标准没有任何意义。

② 统计数据分析方法选择不当会严重影响标准的科学性。

③ 统计资料只反映历史的情况而不反映现实条件的变化对标准的影响。

④ 利用本企业的历史性统计资料为某项工作确定标准,可能低于同行业的先进水平,甚至是平均水平。

3.4.9　模糊理论方法

模糊理论(Fuzzy Theory)是指用到了模糊集合的基本概念或连续隶属度函数的理论。它可分类为模糊数学、模糊系统、不确定性与信息、模糊决策、模糊逻辑与人工智能这5个分支,它们并不是完全独立的,它们之间有紧密的联系。例如,模糊控制就会用到模糊数学和模糊逻辑中的概念。从实际应用的观点来看,模糊理论的应用大部分集中在模糊系统上,尤其集中在模糊控制上,也有一些模糊专家系统应用于医疗诊断和决策支持。由于模糊理论从理论和实践的角度来看仍然是新生事物,因此我们期望随着模糊领域的成熟,将会出现更多可靠的实际应用。

1. 模糊理论简介

概念是思维的基本形式之一,它反映了客观事物的本质特征。人类在认识过程中,把感觉到的事物的共同特点抽象出来加以概括,这就形成了概念。例如从白雪、白马、白纸等事物中抽象出“白”的。一个概念有它的内涵和外延,内涵是指该概念所反映的事物本质属性的总和,也就是概念的内容。外延是指一个概念所确指的对象的范围。例如“人”这个概念的内涵是指能制造工具,并使用工具进行劳动的动物,外延是指古今中外一切的人。

所谓模糊概念,是指这个概念的外延具有不确定性,或者说它的外延是不清晰的,是模糊的。例如“青年”这个概念,它的内涵我们是清楚的,但是它的外延,即什么样的年龄阶段内的人是青年,恐怕就很难说清楚,因为在“年轻”和“不年轻”之间没有一个确定的边界,这就是一个模糊概念。

需要注意的几点:首先,人们在认识模糊性时,是允许有主观性的,也就是说每个人对模糊事物的界限不完全一样,承认一定的主观性是认识模糊性的一个特点。例如,我们让100个人说出“年轻人”的年龄范围,那么我们将得到100个不同的答案。尽管如此,当我们用模糊统计的方法进行分析时,年轻人的年龄界限分布又具有一定的规律性。

其次,模糊性是精确性的对立面,但不能消极地理解模糊性代表的是落后的生产力,恰恰相反,我们在处理客观事物时,经常借助于模糊性。例如,在一个有许多人的房间里,找一位“年老的高个子男人”,这是不难办到的。这里所说的“年老”“高个子”都是模糊概念,然而我们只要将这些模糊概念经过头脑的分析判断,很快就可以在人群中找到此人。如果我们要求用计算机查询,那么就要把所有人的年龄、身高的具体数据输入计算机,然后才可以从人群中找这样的人。

最后，人们对模糊性的认识往往会与随机性混淆起来，其实它们之间有着根本的区别。随机性是其本身具有明确的含义，只是由于发生的条件不充分，而使得在条件与事件之间不能出现确定的因果关系，从而事件的出现与否表现出一种不确定性。而事物的模糊性是指我们要处理的事物的概念本身就是模糊的，即一个对象是否符合这个概念难以确定，也就是由于概念外延模糊而带来的不确定性。

2. 模糊理论的发展

模糊理论是在美国加州大学伯克利分校电气工程系的 L. A. Zadeh（扎德）教授于1965 年创立的模糊集合理论的数学基础上发展起来的，主要包括模糊集合理论、模糊逻辑、模糊推理和模糊控制等方面的内容。早在 20 世纪 20 年代，著名的哲学家和数学家B. Russell 就写出了有关"含糊性"的论文。他认为所有的自然语言均是模糊的，例如"红的"和"老的"等概念没有明确的内涵和外延，因而是不明确的和模糊的。可是，在特定的环境中，人们用这些概念来描述某个具体对象时却又能心领神会，很少引起误解和歧义。美国加州大学的 L. A. Zadeh 教授在 1965 年发表了著名的论文，文中首次提出表达事物模糊性的重要概念——隶属函数，从而突破了 19 世纪末康托尔的经典集合理论，奠定了模糊理论的基础。

1966 年，P. N. Marinos 发表模糊逻辑的研究报告，1974 年，L. A. Zadeh 发表模糊推理的研究报告，从此，模糊理论成了一个热门的课题。

1974 年，英国的 E. H. Mamdani 首次用模糊逻辑和模糊推理实现了世界上第一个实验性的蒸汽机控制，并取得了比传统的直接数字控制算法更好的效果，从而宣告模糊控制的诞生。1980 年，丹麦的 L. P. Holmblad 和 Ostergard 在水泥窑炉采用模糊控制并取得了成功，这是第一个商业化的有实际意义的模糊控制器。

3. 模糊理论的应用领域

事实上，模糊理论应用最有效、最广泛的领域就是模糊控制，模糊控制在各种领域出人意料地解决了传统控制理论无法解决的或难以解决的问题，并取得了一些令人信服的成效。

4. 模糊控制的基本思想

把人类专家对特定的被控对象或过程的控制策略总结成一系列以"IF（条件）THEN（作用）"形式表示的控制规则，通过模糊推理得到控制作用集，作用于被控对象或过程。控制作用集为一组条件语句，状态语句和控制作用均为一组被量化了的模糊语言集，如"正大""负大""正小""负小""零"等。

模糊控制的几个研究方向：

（1）模糊控制的稳定性研究。

（2）模糊模型及辨识。

（3）模糊最优控制。

（4）模糊自组织控制。

（5）模糊自适应控制。

（6）多模态模糊控制。

模糊控制的主要缺陷：信息简单的模糊处理将导致系统的控制精度降低和动态品质变差。若要提高精度，则必然增加量化级数，从而导致规则搜索范围扩大，降低决策速度，甚至不能实时控制。模糊控制的设计尚缺乏系统性，无法定义控制目标。控制规则的选择、论域的选择、模糊集的定义、量化因子的选取多采用试凑法，这对复杂系统的控制是难以奏效的。

5. 模糊理论的研究领域

模糊理论是指用到了模糊集合的基本概念或连续隶属度函数的理论。根据图 3.19，可对模糊理论进行大致的分类，主要有 5 个分支。

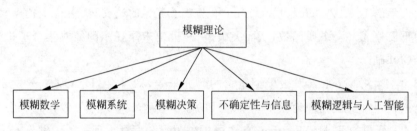

图 3.19　模糊理论的主要研究领域

（1）模糊数学：用模糊集合取代经典集合，从而扩展了经典数学中的概念。

（2）模糊系统：包含信号处理和通信中的模糊控制和模糊方法。

（3）模糊决策：用软约束来考虑优化问题。

（4）不确定性与信息：用于分析各种不确定性。

（5）模糊逻辑与人工智能：引入了经典逻辑学中的近似推理，且在模糊信息和近似推理的基础上开发了专家系统。

利用模糊集合理论，对实际问题进行模糊判断、模糊决策、模糊模式识别、模糊簇聚分析。系统的复杂性越高，精确能力就越低，模糊性就越强。这是 Zadeh 总结出的互克性原理。

3.4.10　可视化技术

可视化技术拓宽了传统的图表功能，使用户对数据的剖析更清楚。另外，还有归纳逻辑程序设计（Inductive Logic Programming，ILP）、Bayesian 网络等方法。

可视化技术的目标是帮助人们增强认知能力。基于计算机的可视化技术不仅把计算机作为信息集成处理的工具,用计算机图形和其他技术来考虑更多的样本、变量和联系,更多的是作为跟用户之间的一种交流媒介,在认知激励和用户认知之间建立起一个反馈环。

1. 传统的可视化方法

传统的可视化方法多用于维数较小的数据,包括条形统计图、柱状图、折线图、饼图、锯齿图、分位数图、散点图、局部回归曲线图、时序图、核曲线、盒图、颜色编码、数据立方体等。其中,数据立方体(Data Cube)是将数据按多个维度组织形成的一种多维结构。用数据立方体描述多维数据时,用户可以多维形式组织数据,通过切片、切块、旋转、钻取等各种分析动作分析数据,使用户能从多个角度、多侧面地观察数据库中的数据,从而深入了解包含在数据中的信息和内涵。

2. 新兴的可视化技术

1) 基于几何投影技术的可视化方法

基于几何投影技术的可视化方法的目标是发现多维数据集的令人感兴趣的投影,从而将对多维数据的分析转换为仅对感兴趣的少量维度数据的分析,具体方法包括散点矩阵技术、格架(Trellis)图、测量图、平行坐标可视化技术和放射性可视化技术等。

散点矩阵把标准 2D 散点扩展到高维的标准方式。通过散点矩阵可以观察到维度间所有可能的双向交互作用和相关性。

格架图以多个二元图为基础。它针对一对要显示的特定变量,以其他一个或多个变量为条件画出一系列子图,子图中可以用其他任何类型的图形。测量图是在线图中扩展 n 维数据点的一种简单技术。样本的每维都在独立的轴上显示,轴上每个维度值都是关于轴中心对称的线段。平行坐标可视化技术是用一根平行于某显示轴的 k 根等距轴把 k 维空间映射成两个显示维度。轴对应于维度,并且与相应维度的最大值和最小值成线性比例。每个数据项都用一条折线来表示,折线和每根轴交点对应于尺度。放射性可视化表示的是对数据的非线性转换。这种转换保持某些对称性。该方法强调的是维度值之间的关系,而不是分开的、绝对值之间的关系。主分量分析是将数据向新的变量转换,将多元数据投影到数据可以最大限度分布的平面上。这使得可以在牺牲最少信息的条件下使分析数据可视化。

2) 基于图像技术的可视化方法

该方法把每个多维数据项映射为一个图像,如线条图、图标等。线条图把两个维度映射到显示维度中,剩下的维度映射为线条图像的角度或分量长度。这种技术限制了可视化的维度的数目。图标(Icon)是一些很小的图,其不同特征的大小是由特定变量的值决定的。例如在 Chernoff 面容图中,卡通画面部特征的尺寸(鼻子的长度、笑的程度、眼睛的形状等)代表了各个变量的值。这种方法所依据的原则是,人类的眼睛特别善于识别和区分面容。这种图标方法有趣但很少用于严肃的数据分析。通常，图标显示只适用于少数实例的情况。

3）面向像素的可视化方法

面向像素的可视化方法把每个数据值映射到有色像素中，并在分开的窗口中表示属于每个属性的数据值。其优点是一次性可以描述大量信息并且不会产生重叠，不仅能够有效地保留用户感兴趣的小部分区域，还能纵览全局数据。这种技术适用于大容量数据（达到百万级数据值）的可视化。如果一个像素点代表一个数据值，主要的问题就是怎样在屏幕上排列这些像素，不同例图使用不同的排列策略。

3. 基于分层技术的可视化方法

分层技术对 k 维空间进行再分，并以分层的方式来表示子空间。维度层积就是一种分层技术可视化方法。每个维都离散化为少量的箱，陈列区域分裂成一个子图像栅格。子图像的数目要依据用户指定的两个"外部"维度相关联的箱的数目来确定。子图像根据两个更多维度的箱数被进一步分解。分解过程递归持续，直到所有的维都被指定完毕。此外，基于分层技术的可视化方法还有 Robertson、Mackinlay 和 Card 等提出的利用三维图形技术对层次结构进行可视化的方法，Shneiderman 等提出的利用屏幕空间的层次信息表示模型 Tree-Map、Lamping 和 Rao 等提出的基于双曲线几何的可视化等。

4. 可视化技术的新进展

1）多种可视化技术的组合应用

近年来，在可视化数据挖掘应用中涌现出一批新的可视化技术，它们综合了多种可视化方法，如 Parabox、数据星座、数据表单、时刻表、多景观（Multi-Landscape）等。Parabox 组合了盒图、平行坐标和起泡图。它既能处理连续数据，也能处理分类数据。合成盒图、平行坐标和起泡图的原因在于它们各自的能力不同。盒图适用于显示分布概括。平行坐标主要用于显示高维度异常点和带有异常值的样本。起泡图用于分类数据，泡中圆的大小表示样本数目和各自值的情况。按照一系列的平行轴来组建维度，就如带有平行坐标图一样。在泡和盒子之间画线，将每个样本的维度连接起来。这些技术的组合产生了一个可视化部件，它优于用单一方法建立起的可视化的表述。数据星座是可视化有几千个节点和链接的大型曲线图中的一个组成部分。用两个表确定数据星座的参数，一个对应节点，另一个对应链接。不同的布局算法动态决定节点的位置，使得模式显现出来（异常点、类等的可视化解释）。数据表单用于动态的可滚动文本的可视化，在文本和图像之间建立起桥梁。用户可以调整放大比例，逐步显示越来越小的字体，最后转到单像素表述。时刻表是一种显示数千个时间标记事件的技术。多景观是用 3D 来对 2D 景观信息进行编码的景观可视化方法。

2）失真技术

失真（Distortion）技术以高细节级别显示一部分数据，而另一些数据则以低且多的细节级别显示。失真技术在保持对数据有一个纵览的同时提供一种集中的方式，在交互式探测过程中是有帮助的。典型的失真技术有 Fish-Eye 视图、压缩失真技术 Hyperbolic Browsers 等。

3）交互技术

交互（Interaction）技术允许可视化依照探测对象发生动态的变化，而且也使得联系并组合多样的、独立的可视化成为可能，如交互式映射、投影、过滤、缩放、交互式链接和刷洗。通过链接技术把多种可视化连接起来，用户可以比较多个模型，充分利用不同可视化方法、不同模型描述方式的优点。当强调一个模型中的某一部分时，相关联的不同模型描述方式会同时、自动地显示在多个独立的窗口中。综合使用这类技术比独立考虑这些可视化组件要获得更多的信息。

4）钻过技术

钻过（Drill-Through）技术是指当选取模型中的某一部分时，可以知道这一部分模型是根据哪些原始数据提出来的，并且可以访问它们。例如，决策树可视化方法允许对决策树的分支进行选择和钻过，从而使用户可以访问与构造该分支有关的数据，而忽略其他数据的描述。

5）虚拟技术

虚拟技术可以将模型结果输出到虚拟设备或虚拟的可视化环境中，使用户置身其中。用户通过导航技术寻找自己感兴趣的信息，从而获得更为直观的数据理解和分析。从这种技术层面解决数据挖掘任务能够结合人的认知能力，使人充分融入数据挖掘的过程中。目前已经提出的虚拟技术有头盔（Head-Mounted）显示、虚拟数据立方体等。

5. 现有数据挖掘工具中的可视化技术应用概况

数据挖掘工具在很大程度上决定了是否能够实现数据可视化、挖掘模型可视化、挖掘过程可视化以及可视化程度、质量和交互灵活性，也严重影响数据挖掘系统的使用和解释能力。当前主流的数据挖掘工具，如 SAS Enterprise Miner、IBM Intelligent Miner、Teradata Warehouse Miner、SPSS Clementine 等，都能够提供常用的挖掘过程和挖掘模式，但是可视化技术的应用仍然很有限，方法也比较单一，而且主要集中在初始视图可视化、结果（模型）可视化，分析过程对大部分用户来说仍属于黑箱操作。可视化和分析式数据挖掘之间松散的联系代表了目前可视化数据挖掘技术的绝大多数情况。因此，尽管在数据挖掘的可视化方法研究中不断有新的技术提出，但在数据挖掘工具中的应用仍然不够深入和广泛。

3.5　空间数据库的数据挖掘

　　近年来,数据挖掘研究多针对关系数据库,但是空间数据库系统的发展为我们提供了丰富的空间数据,为数据分析和知识发现展示了广阔的前景。空间数据挖掘技术帮助人们从庞大的空间数据中抽取有用的信息。由于空间数据的数量庞大及空间问题的特殊性,因此发现隐含在空间数据中的特征和模式,已成为空间数据库的一个重要问题。现已在全球定位系统、图像数据库等领域得到了广泛应用。

　　本节介绍空间数据挖掘的方法。

3.5.1　归纳方法

　　基于归纳方法的空间数据挖掘算法必须由用户预先给定或系统自动生成概念层次树,发现的知识依赖于层次树结构,计算复杂性为 $O(\log N)$, N 为空间数据个数。

1. 简介

　　数学归纳法是一种数学证明方法,通常用于证明某个给定命题在整个(或者局部)自然数范围内成立。除了自然数以外,广义上的数学归纳法也可以用于证明一般良基结构,例如集合论中的树。这种广义的数学归纳法应用于数学逻辑和计算机科学领域,称作结构归纳法。

　　在数论中,数学归纳法是以一种不同的方式来证明任意一个给定的情形都是正确的(第一个,第二个,第三个,一直下去概不例外)的数学定理。

　　虽然数学归纳法名字中有"归纳",但是数学归纳法并非不严谨的归纳推理法,它属于完全严谨的演绎推理法。事实上,所有数学证明都是演绎法。

2. 原理

　　最简单和常见的数学归纳法是证明当 n 等于任意一个自然数时某命题成立。证明分下面两步:

　　(1) 证明当 $n=1$ 时命题成立。

　　(2) 假设 $n=m$ 时命题成立,那么可以推导出在 $n=m+1$ 时命题也成立(m 代表任意自然数)。

　　这种方法的原理在于:首先证明在某个起点值时命题成立,然后证明从一个值到下一个值的过程有效。如果这两点都已经证明,那么任意值都可以通过反复使用这个方法推导出来。把这个方法想成多米诺效应也许更容易理解一些。例如,你有一列很长的直立着的多米诺骨牌,如果你可以:

- 证明第一张骨牌会倒。
- 证明只要任意一张骨牌倒了,那么与其相邻的下一张骨牌也会倒。

那么便可以下结论:所有的骨牌都会倒下。

3. 合理性

数学归纳法的原理,通常被规定作为自然数公理(参见皮亚诺公理)。但是在另一些公理的基础上,它可以用一些逻辑方法证明。数学归纳法原理可以由下面的良序性质(最小自然数原理)推出:

自然数集是良序的(每个非空的正整数集合都有一个最小的元素)。

例如$\{1,2,3,4,5\}$这个正整数集合中有最小的数——1。

下面将通过这个性质来证明数学归纳法。

对于一个已经完成上述两步证明的数学命题,我们假设它并不是对于所有的正整数都成立。

对于那些不成立的数所构成的集合S,其中必定有一个最小的元素k(1是不属于集合S的,所以$k>1$)。

k已经是集合S中的最小元素了,所以$k-1$不属于S,这意味着$k-1$对于命题而言是成立的——既然对于$k-1$成立,那么对k也应该成立,这与我们完成的第二步证明矛盾。所以这个完成两个步骤的命题能够对所有n都成立。

注意到有些公理确实是数学归纳法原理可选的公理化形式。更确切地说,两者是等价的。

4. 发展历程

已知最早使用数学归纳法的证明出现于 Francesco Maurolico 的 *Arithmeticorum libri duo*(1575 年)。Maurolico 利用递推关系巧妙地证明出前 n 个奇数的总和是 n^2,由此总结出了数学归纳法。

最简单和常见的数学归纳法证明方法是证明当 n 属于所有正整数时一个表达式成立,这种方法由下面两步组成。

(1) 递推的基础:证明当 $n=1$ 时表达式成立。

(2) 递推的依据:证明如果当 $n=m$ 时表达式成立,那么当 $n=m+1$ 时同样成立。

这种方法的原理在于第一步证明起始值在表达式中是成立的,然后证明一个值到下一个值的证明过程是有效的。如果这两步都被证明了,那么任何一个值的证明都可以被包含在重复不断进行的过程中。

3.5.2　聚集方法

基于聚集(Clustering)方法的空间数据挖掘算法包括 CLARANS、BIRCH、DBSCAN 等算法。

聚集是把相似的记录放在一起。其作用是让用户在较高的层次上观察数据库,常被用来做商业上的顾客分片(Segmentation),找到不能与其他记录集合在一起的记录,做例外分析。

和分类一样,聚类的目的也是把所有的对象分成不同的群组,但和分类算法的最大不同在于采用聚类算法划分之前并不知道要把数据分成几组,也不知道依赖哪些变量来划分。

聚类有时也称分段,是指将具有相同特征的人归结为一组,将特征平均,以形成一个"特征矢量"或"矢心"。聚类系统通常能够把相似的对象通过静态分类的方法分成不同的组别或者更多的子集(Subset),这样在同一个子集中的成员对象都有相似的一些属性。聚类被一些提供商用来直接提供不同访客群组或者客户群组特征的报告。聚类算法是数据挖掘的核心技术之一,除了本身的算法应用之外,聚类分析也可以作为数据挖掘算法中其他分析算法的一个预处理步骤。

1. CLARANS 算法

CLARANS(a Clustering Algorithm based on Randomized Search,基于随机选择的聚类算法)将采样技术(CLARA)和 PAM 算法结合起来。CLARA 的主要思想是:不考虑整个数据集合,而是选择实际数据的一小部分作为数据的代表。然后用 PAM 算法从样本中选择中心点。如果样本是以非常随机的方式选取的,那么它应当接近代表原来的数据集。从中选出的代表对象(中心点)很可能和从整个数据集合中选出的代表对象相似。CLARA 抽取数据集合的多个样本,对每个样本应用 PAM 算法,并返回最好的聚类结果作为输出。

CLARA 的有效性主要取决于样本的大小。如果任何一个最佳抽样中心点不在最佳的 K 个中心之中,则 CLARA 将永远不能找到数据集合的最佳聚类。同时这也是为了聚类效率所付出的代价。

CLARANS 则是将 CLARA 和 PAM 有效地结合起来,CLARANS 在任何时候都不把自身局限于任何样本,CLARANS 在搜索的每一步都以某种随机性选取样本。算法步骤如下(算法步骤摘自百度文库):

(1) 输入参数 numlocal 和 maxneighbor。numlocal 表示抽样的次数,maxneighbor 表示一个节点可以与任意特定邻居进行比较的数目。令 $i=1$,i 用来表示已经选样的次数。mincost 为最小代价,初始时设为大数。

(2) 设置当前节点 current 为 Gn 中的任意一个节点。

(3) 令 $j=1$(j 用来表示已经与 current 进行比较的邻居的个数)。

(4) 考虑当前点的一个随机的邻居 S,并计算两个节点的代价差。

(5) 如果 S 的代价较低,则 current:=S,转到步骤(3)。

(6) 否则,令 $j=j+1$。如果 $j<=$ maxneighbor,则转到步骤(4)。

(7) 否则,当 $j>$ maxneighbor 时,当前节点为本次选样的最小代价节点。如果其代价小于 mincost,令 mincost 为当前节点的代价,则 bestnode 为当前的节点。

(8) 令 $i=i+1$,如果 $i>$ numlocal,则输出 bestnode,运算中止;否则,转到步骤(2)。

对上面出现的一些概念进行说明:

(1) 代价值,主要描述一个对象被分到一个类别中的代价值,该代价值由每个对象与其簇中心点间的相异度(距离或者相似度)的总和来定义。代价差则是两次随机领域的代价差值。

(2) 更新邻节点,CLARANS 不会把搜索限制在局部区域,如果发现一个更好的近邻,CLARANS 就移到该近邻节点,处理过程重新开始;否则,当前的聚类产生一个局部最小解。如果找到一个局部最小解,CLARANS 从随机选择的新节点开始,搜索新的局部最小解。当搜索的局部最小解达到用户指定的数目时,最好的局部最小解作为算法的输出。从上面的算法步骤也可以看出这一思想。在第(5)步中更新节点 current。

2. BIRCH 算法

BIRCH(Balanced Iterative Reducing and Clustering using Hierarchies,利用层次方法的平衡迭代规约和聚类)算法是 1996 年由 Tian Zhang 提出来的。BIRCH 算法就是通过聚类特征(Clustering Feature,CF)形成一个聚类特征树,root 层的 CF 个数就是聚类个数。

整个算法实现共分为 4 个阶段:

(1) 扫描所有数据,建立初始化的 CF 树,把稠密数据分成簇,稀疏数据作为孤立点对待。

(2) 这个阶段是可选的,阶段 3 的全局或半全局聚类算法有着输入范围的要求,以达到速度与质量的要求,所以此阶段在阶段 1 的基础上,建立一个更小的 CF 树。

(3) 补救由于输入顺序和页面大小带来的分裂,使用全局/半全局算法对全部叶节点进行聚类。

(4) 这个阶段也是可选的,把阶段 3 的中心点作为种子,将数据点重新分配到最近的种子上,保证重复数据分到同一个簇中,同时添加簇标签。

该算法的缺点:由于使用半径和直径概念,适用于球形数据的聚类(可以在聚类前进行样本绘图观察后选择该算法)。

聚类特征(CF):每一个 CF 都是一个三元组,可以用 (N,LS,SS) 表示。其中 N 代表这个 CF 中拥有的样本点的数量,LS 代表这个 CF 中拥有的样本点各特征维度的和向量,SS 代表这个 CF 中拥有的样本点各特征维度的平方和。

3. DBSCAN 算法

DBSCAN(Density-Based Spatial Clustering of Application with Noise)算法是一种

典型的基于密度的聚类方法。它将簇定义为密度相连的点的最大集合，能够把具有足够密度的区域划分为簇，并可以在有噪声的空间数据集中发现任意形状的簇。

DBSCAN 算法中有两个重要参数：Eps 和 MmPts。Eps 是定义密度时的邻域半径，MmPts 为定义核心点时的阈值。

在 DBSCAN 算法中将数据点分为以下 3 类。

（1）核心点：如果一个对象在其半径 Eps 内含有超过 MmPts 数目的点，则该对象为核心点。

（2）边界点：如果一个对象在其半径 Eps 内含有点的数量小于 MmPts，但是该对象落在核心点的邻域内，则该对象为边界点。

（3）噪声点：如果一个对象既不是核心点又不是边界点，则该对象为噪声点。

通俗地讲，核心点对应稠密区域内部的点，边界点对应稠密区域边缘的点，而噪声点对应稀疏区域中的点。

DBSCAN 算法对簇的定义很简单，由密度可达关系导出的最大密度相连的样本集合，即为最终聚类的一个簇。

DBSCAN 算法的簇中可以有一个或者多个核心点。如果只有一个核心点，则簇中其他的非核心点样本都在这个核心点的 Eps 邻域中。如果有多个核心点，则簇中的任意一个核心点的 Eps 邻域中一定有一个其他的核心点，否则这两个核心点无法密度可达。这些核心点的 Eps 邻域中所有的样本的集合组成一个 DBSCAN 聚类簇。

DBSCAN 算法的描述如下。

输入：数据集，邻域半径为 Eps，邻域中数据对象的数目阈值为 MmPts。

输出：密度联通簇。

处理流程如下。

（1）从数据集中任意选取一个数据对象点 p。

（2）如果对于参数 Eps 和 MmPts，所选取的数据对象点 p 为核心点，则找出所有从 p 密度可达的数据对象点，形成一个簇。

（3）如果选取的数据对象点 p 是边缘点，则选取另一个数据对象点。

（4）重复（2）、（3）步，直到所有点被处理。

DBSCAN 算法的计算复杂度为 $O(n^2)$，n 为数据对象的数目。这种算法对于输入参数 Eps 和 MmPts 是敏感的。

和传统的 K-Means 算法相比，DBSCAN 算法不需要输入簇数 k，而且可以发现任意形状的聚类簇，同时在聚类时可以找出异常点。

DBSCAN 算法的主要优点如下。

（1）可以对任意形状的稠密数据集进行聚类，而 K-Means 之类的聚类算法一般只适用于凸数据集。

（2）可以在聚类的同时发现异常点，对数据集中的异常点不敏感。

（3）聚类结果没有偏倚，而 K-Means 之类的聚类算法的初始值对聚类结果有很大影响。

DBSCAN 算法的主要缺点如下。

（1）样本集的密度不均匀、聚类间距相差很大时，聚类质量较差，这时用 DBSCAN 算法一般不适合。

（2）样本集较大时，聚类收敛时间较长，此时可以对搜索最近邻时建立的 KD 树或者球树进行规模限制来进行改进。

（3）调试参数比较复杂时，主要需要对距离阈值 Eps 和邻域样本数阈值 MmPts 进行联合调参，不同的参数组合对最后的聚类效果有较大影响。

（4）对于整个数据集只采用了一组参数。如果数据集中存在不同密度的簇或者嵌套簇，则 DBSCAN 算法不能处理。为了解决这个问题，有人提出了 OPTICS 算法。

（5）DBSCAN 算法可过滤噪声点，这同时也是其缺点，这造成了它不适用于某些领域，如对网络安全领域中恶意攻击的判断。

3.5.3　统计信息网格算法

统计信息网格（Statistical Information Grid,STING）算法是一个基于网格的多分辨率聚类技术，它将空间区域划分为矩形单元。针对不同级别的分辨率，通常存在多个级别的矩形单元，这些单元形成了一个层次结构：高层的每个单元被划分为多个低一层的单元。关于每个网格单元属性的统计信息（例如平均值、最大值和最小值）被预先计算和存储。这些统计变量可以方便下面描述的查询处理使用。高层单元的统计变量可以很容易地从低层单元的变量计算得到。这些统计变量包括：属性无关的变量 count，属性相关的变量 m（平均值）、s（标准偏差）、min（最小值）、max（最大值），以及该单元中属性值遵循的分布类型 distribution，例如正态的、均衡的、指数的或无（如果分布未知）。当数据被装载进数据库时，最底层单元的变量 count、m、s、min 和 max 直接进行计算。如果分布的类型事先知道，distribution 的值可以由用户指定，也可以通过假设检验来获得。一个高层单元的分布类型可以基于它对应的低层单元多数的分布类型，用一个阈值过滤过程来计算。如果低层单元的分布彼此不同，阈值检验失败，则高层单元的分布类型被置为 none。

统计变量的使用可以以自顶向下的基于网格的方法。首先，在层次结构中选定一层作为查询处理的开始点。通常，该层包含少量的单元。对当前层次的每个单元计算置信度区间（或者估算其概率），用以反映该单元与给定查询的关联程度。不相关的单元就不再考虑。低一层的处理就只检查剩余的相关单元。这个处理过程反复进行，直到达到最底层。此时,如果查询要求被满足,那么返回相关单元的区域;否则,检索和进一步处理落在相关单元中的数据,直到它们满足查询要求。

1. 算法流程

(1) 针对不同的分辨率,通常有多个级别的矩形单元。

(2) 这些单元形成了一个层次结构,高层的每个单元被划分成多个低一层的单元。

(3) 关于每个网格单元属性的统计信息(例如平均值、最大值、最小值)被预先计算和存储,这些统计信息用于回答查询(统计信息是进行查询使用的)。

2. 查询流程

(1) 从一个层次开始。

(2) 对于这一个层次的每个单元格,计算查询相关的属性值。

(3) 在计算的属性值以及约束条件下,将每一个单元格标记成相关或者不相关(不相关的单元格不再考虑,下一个较低层的处理就只检查剩余的相关单元)。

(4) 如果这一层是底层,那么转到步骤(6),否则转到步骤(5)。

(5) 由层次结构转到下一层,依照步骤(2)进行。

(6) 查询结果得到满足,转到步骤(8),否则转到步骤(7)。

(7) 恢复数据到相关的单元格,进一步处理以得到满意的结果,转到步骤(8)。

(8) 停止。

3. 核心思想

根据属性的相关统计信息划分网格,而且网格是分层次的,下一层是上一层的继续划分。在一个网格内的数据点即为一个簇。

4. 性质

如果粒度趋向于0(朝向非常底层的数据),则聚类结果趋向于 DBSCAN 聚类结果,即使用计数 count 和大小信息,使用 STING 算法可以近似地识别稠密的簇。

STING 算法有以下几个优点:

(1) 基于网格的计算是独立于查询的,因为存储在每个单元的统计信息提供了单元中的数据汇总信息,不依赖于查询。

(2) 网格结构有利于增量更新和并行处理。

(3) 效率高。STING 算法扫描数据库一次开始计算单元的统计信息,因此产生聚类的时间复杂度为 $O(n)$,在层次结构建立之后,查询处理时间为 $O(g)$,其中 g 为最底层网格单元的数目,通常远远小于 n。

STING 算法的缺点如下:

(1) 由于 STING 算法采用了一种多分辨率的方法来进行聚类分析,因此 STING 算法的聚类质量取决于网格结构的最底层的粒度。如果最底层的粒度很细,则处理的代价会显著增加。然而如果粒度太粗,聚类质量难以得到保证。

（2）STING 算法在构建一个父亲单元时没有考虑到子女单元和其他相邻单元之间的联系。所有的簇边界不是水平的,就是竖直的,没有斜的分界线,降低了聚类质量。

该算法是一个查询无关算法,每个节点存储数据的统计信息,可以处理大量的查询。该算法采用增量修改,避免数据更新造成的所有单元重新计算,而且易于并行化。

3.5.4　空间聚集和特征邻近关系挖掘

1. 发现集合邻近关系

给定一个点的聚集,找到聚集的 K 个最邻近特征。CRH 算法寻找集合邻近关系,它是 Circle、Isothetic Rectangle 和 Convex Hull 的首字母的缩写形式。CRH 算法用筛选器逐步减少特征个数,直至找到 K 个最接近的特征。在 SPARC-10 工作站上的实验结果表明,CRH 作为一种近似算法,得出的结果相当精确,它能在约 1 秒 CPU 时间内从 5000 个特征中找到最近的 25 个。

2. 发现集合邻近的共性

给定 N 个聚集,找到与全部或大多数聚集最接近的公共特征类,即出现在同一分类中的相似特征,例如发现所有居民区都与中学相近,而不一定是同一所中学。Gencom 算法从 N 个聚集的 N 个最近的 K 个特征的集合中抽取集合邻近公共特征。

3. 空间数据采掘系统原型 GeoMiner

加拿大 Simon Fraser 大学开发出了一个空间数据采掘系统原型 GeoMiner。该系统在空间数据库建模中使用 SAND 体系结构,它包含三大模块:空间数据立方体构建模块、空间联机分析处理(OLAP)模块和空间数据采掘模块,采用的空间数据采掘语言是 GMQL。目前已能采掘 3 种类型的规则:特征规则、判别规则和关联规则。GeoMiner 的体系结构如图 3.20 所示,包含 4 部分。

（1）图形用户界面,用于进行交互式的采掘并显示采掘结果。

（2）发现模块集合,含有上述 3 个已实现的知识发现模块以及 4 个计划实现的模块（分别以实线框和虚线框表示）。

（3）空间数据库服务器,包括 MapInfo、ESRI/Oracle SDE、Informix-Illustra 以及其他空间数据库引擎。

（4）存储非空间数据、空间数据和概念层次的数据库和知识库。

4. 空间数据采掘的未来方向

空间数据采掘是一个非常年轻而富有前景的领域,有很多研究问题需要深入探讨,这也是该领域的未来方向。

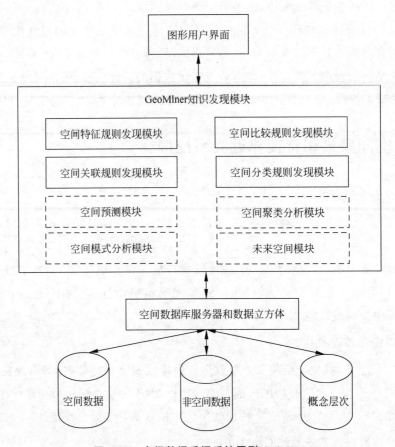

图 3.20　空间数据采掘系统原型 GeoMiner

（1）在面向对象（Object-Oriented，OO）的空间数据库中进行数据采掘。

目前在实际中应用的空间数据采掘方法都假定空间数据库中采用的是扩展的关系模型，而关系数据库并不能很好地处理空间数据。许多研究者指出，OO 模型比传统的关系模型或扩展关系模型更适合处理空间数据，如矩形、多边形和复杂的空间对象可在 OO 数据库中很自然地建模。因此，可以考虑建立面向对象的空间数据库以进行数据采掘。需要解决的问题是如何使用 OO 方法设计空间数据库，以及怎样从数据库中采掘知识。目前 OO 数据库技术正在走向成熟，在空间数据采掘中开发 OO 技术是一个具有极大潜力的领域。

（2）进行不确定性采掘。

证据推理方法可用于图像数据库的采掘，以及其他经过不确定性建模的数据库的分析。Bell 等证明，证据理论比传统的概率模型，如贝叶斯等方法进行不确定性建模的效果要好。另外，还可考虑通过利用统计学、模糊逻辑和粗糙集方法以处理不确定性和不完整的信息，该领域尚有待拓展。

（3）多边形聚类技术。

目前空间聚类问题的解决方案尚局限在对点对象的聚类,该问题的未来方向是处理可能重叠的对象的聚类,如多边形聚类。

（4）多维规则可视化。

理解所发现规则的最有效的方式是进行图形可视化。多维数据可视化已有相应的文献研究,而多维规则可视化仍是一个不成熟的领域,可考虑采用计算机图形学中的一些可视化技术。

（5）基于泛化的空间数据采掘机制需要进一步地开拓,以处理多专题地图和多层次的交互式采掘,并与空间索引、空间存取方法和数据仓库技术有效结合。

（6）空间数据分类领域尚需找到真正高效的空间分类方法,以处理带有不完整信息的问题。

（7）基于模式或基于相似性的采掘以及元规则指导的空间数据采掘尚需探讨。

（8）空间数据采掘查询语言 SDMQL 需要进行详细设计和标准化。

（9）大量的遥感图像要求更多的数据采掘方法,用以检测异常、查找相似的图片以及发现不同现象间的关系。

3.6 数据挖掘工具

目前,国外有许多研究机构、公司和学术组织从事数据挖掘工具的研制和开发。这些工具主要采用基于人工智能的技术,包括决策树、规则归纳、神经元网络、可视化、模糊建模、簇聚等,另外也采用了传统的统计方法。这些数据挖掘工具差别很大,不仅体现在关键技术上,还体现在运行平台、数据存取、价格等方面。

数据挖掘工具可根据应用领域分为以下 3 类。

（1）通用单任务类：仅支持 KDD 的数据挖掘步骤,并且需要大量的预处理和善后处理工作。主要采用决策树、神经网络、基于例子和规则的方法,发现任务大多属于分类范畴。

（2）通用多任务类：可执行多个领域的知识发现任务,集成了分类、可视化、聚集、概括等多种策略,如 Clementine、IBMIntelligentMiner、SGIMineset。

（3）专用领域类：现有的许多数据挖掘系统是专为特定目的开发的,用于专用领域的知识发现,对挖掘的数据库有语义要求,发现的知识也较单一。例如 Explora 用于超市销售分析,仅能处理特定形式的数据,知识发现也以关联规则和趋势分析为主。另外发现方法单一,有些系统虽然能发现多种形式的知识,但基本上以机器学习、统计分析为主,计算量大。

根据所采用的技术,挖掘工具大致分为以下 6 类。

(1) 基于规则和决策树的工具：大部分数据挖掘工具采用规则发现和决策树分类技术来发现数据模式和规则，其核心是某种归纳算法，如 ID3 和 C4.5 算法。它通常先对数据库中的数据进行挖掘，生成规则和决策树，然后对新数据进行分析和预测，典型的产品有 AngossSoftware 开发的 KnowlegeSeeker 和 ATTARSoftware 开发的 XpertRuleProfiler。

(2) 基于神经元网络的工具：基于神经元网络的工具由于具有对非线性数据的快速建模能力，因此越来越流行。挖掘过程基本上是将数据簇聚，然后分类计算权值。它在市场数据库的分析和建模方面应用广泛，典型产品有 AdvancedSoftware 开发的 PBProfile。

(3) 数据可视化方法：这类工具大大扩展了传统商业图形的能力，支持多维数据的可视化，同时提供了多方向同时进行数据分析的图形方法。

(4) 模糊发现方法：采用模糊语言表达的模糊集计算出各条件的数值及关系，并使用规范化的方法和技术来完成一系列的计算，以获得实际的决策结果。

(5) 统计方法：这些工具没有使用人工智能技术，因此更适合分析现有信息，而不是从原始数据中发现数据模式和规则。

(6) 综合多方法：许多工具采用了多种挖掘方法，一般规模较大。

工具系统的总体发展趋势是，使数据挖掘技术进一步为用户所接受和使用，另一方面也可以理解成以使用者的语言表达知识概念。

下面简单介绍几种数据挖掘工具。

1. QUEST

QUEST 是 IBM 公司 Almaden 研究中心开发的一个多任务数据挖掘系统，目的是为新一代决策支持系统的应用开发提供高效的数据开采基本构件。QUEST 系统具有如下特点：

- 提供了专门在大型数据库上进行各种开采的功能，如关联规则发现、序列模式发现、时间序列聚类、决策树分类、递增式主动开采等。
- 各种开采算法具有近似线性计算的复杂度($O(n)$)，可适用于任意大小的数据库。
- 算法具有找全性，即能将所有满足指定类型的模式全部寻找出来。
- 为各种发现功能设计了相应的并行算法。

2. MineSet

MineSet 是由 SGI 公司和美国 Standford 大学联合开发的多任务数据挖掘系统。MineSet 集成了多种数据挖掘算法和可视化工具，可以帮助用户直观地、实时地发掘、理解大量数据背后的知识。

MineSet 2.6 具有如下特点：

- MineSet 以先进的可视化方法闻名于世。MineSet 2.6 中使用了 7 种可视化工具来表现数据和知识。对同一个挖掘结果可以用不同的可视化工具以各种形式表示,用户也可以按照个人的喜好调整最终效果,以便更好地理解。MineSet 2.6 中的可视化工具有 SplatVisualize、ScatterVisualize、MapVisualize、TreeVisualize、RecordViewer、StatisticsVisualize、ClusterVisualizer,其中 RecordViewer 是二维表,StatisticsVisualize 是二维统计图,其余都是三维图形,用户可以任意放大、旋转、移动图形,从不同的角度观看。

- 提供多种数据挖掘模式,包括分类器、回归模式、关联规则、聚类分析、判断列重要度。
- 支持多种关系数据库。可以直接从 Oracle、Informix、Sybase 的表读取数据,也可以通过 SQL 命令执行查询。
- 多种数据转换功能。在进行挖掘前,MineSet 可以去除不必要的数据项,统计、集合、分组数据,转换数据类型,构造表达式由已有数据项生成新的数据项,对数据进行采样等。
- 操作简单。支持国际字符,可以直接发布到 Web。

3. DBMiner

DBMiner 是加拿大 Simon Fraser 大学开发的一个多任务数据挖掘系统,它的前身是 DBLearn。该系统设计的目的是把关系数据库和数据开采集成在一起,以面向属性的多级概念为基础发现各种知识。DBMiner 系统具有如下特色:

- 能完成多种知识的发现,如泛化规则、特性规则、关联规则、分类规则、演化知识、偏离知识等。
- 综合了多种数据开采技术,如面向属性的归纳、统计分析、逐级深化发现多级规则、元规则引导发现等方法。
- 提出了一种交互式的类 SQL 语言——数据开采查询语言 DMQL,能与关系数据库平滑集成,实现了基于客户/服务器体系结构的 UNIX 和 PC(Windows/NT)版本的系统。

4. SAS 数据挖掘工具

作为企业的中高层管理人员,需要首先了解商业事务中发生了什么,接下来要分析它为什么发生,最后决定做什么,即可以采取什么行动。信息查询、报表和多维分析技术主要集中处理发生了什么,但很少能够揭示发生的原因。然而正是这种隐含在表象下的内在原因、机制和规律才是对企业发展最有价值的知识。知识挖掘正是为实现这方面的需求而产生的。SAS 公司在数据挖掘领域的成就是有目共睹的,我们将数据挖掘定义为:"知识挖掘是按照既定的业务目标,对大量的企业数据进行探索,揭示隐藏在其中的规律性并进一步将之模型化的先进、有效的方法"。

　　知识挖掘的主流技术手段是统计学的方法，包括数理统计方法、多元统计方法、计量经济学和时间序列分析方法等。此外，运筹学、人工神经元网络和专家系统技术的发展也为知识挖掘提供了新的思路。

　　知识挖掘的内涵不仅在于使用这些方法进行数据分析，它有自己的一套完整的方法论，SAS 公司提出了 SEMMA 方法论。我们在此之前已经介绍过了。

　　下面对我们提供的数据挖掘模块，如 SAS/STAT、SAS/ETS、SAS/INSIGHT、SAS/EM 进行进一步的讨论。

　　1）SAS/STAT

　　SAS/STAT 提供的统计分析功能包括：

　　（1）方差分析。

　　（2）一般线性模型（包括因素分析、方差分量模型、混合模型等）、回归分析、多变量分析（主成分分析、因子分析和典型相关分析等）。

　　（3）判别分析。

　　（4）聚类分析。

　　（5）属性数据分析。

　　（6）生存分析等多个功能。

　　SAS/STAT 可以适应各种不同模型和不同特点数据的需要。例如回归分析方面除了通用的回归方法外，还有正交回归、响应面回归、Logistic 回归、非线性回归等。

　　可处理的数据有实型数据、有序数据和属性数据，并能产生各种有用的统计量和诊断信息，且具有多种模型（变量）选择方法。

　　在方差分析方面，SAS/STAT 为多种试验设计模型提供了方差分析工具。它还有处理一般线性模型和广义线性模型的专用过程。在多变量统计分析方面，SAS/STAT 为主成分分析、典型相关分析、判别分析和因子分析提供了许多专用过程。SAS/STAT 还包含多种聚类准则的聚类分析方法。

　　SAS/STAT 包含的菜单系统 Market Research 提供了用于市场分析的各种工具，如关联分析、对应分析、多维标度分析、多维偏好分析等。分析结果用直观的图形和表格显示给用户，并根据用户对产品的评价提供新设计产品市场占有率的预测。

　　在 SAS 的桌面系统中有一个专用的统计分析系统——ANALYST。它集成了 SAS/STAT、SAS/QC 和 SAS/GRAPH 的许多功能。按常用统计分析的任务组织菜单，在统计分析方面包括描述统计量计算、列联表分析、假设检验、方差分析、回归分析等。在图形显示方面除了配合各种分析提供图形显示外，还可用菜单设定制作三维散点图、三维曲面图和等高线图等。在 ANALYST 子系统中，对各种检验法的功效函数计算和样本容量确定提供很方便的用法。

2）SAS/ETS

SAS/ETS 为 SAS 提供具有丰富的计量经济学和时间序列分析方法的产品，包含方便的各种模型设定手段，多样的参数估计方法，是研究复杂系统和进行预测的有力工具。

ETS 表示 Econometric & Time Series，提供了用于进行预测、规划及商业模型（建模）的分析工具。与 SAS 其他产品类似，由若干过程组成，提供了目前所有实用的用于预测的数学模型。ETS 主要应用在时间序列分析、线性和非线性系统模拟、贷款偿还（Amortization）、折旧（Depreciation）等领域，即 ETS 分析、模拟、预测、季节性调整、商业分析、报表以及时间序列数据的访问和操纵。ETS 分析的目的是帮助人们进行正确决策。

SAS 的时间序列预测系统利用序列历史值的趋势和格局或序列的其他变量进行外插来预测将来值。该系统提供了用 SAS/ETS 软件实现的方便灵活的窗口菜单驱动环境进行时间序列分析和预测的工具。

用户可按完全自动的方式使用系统，也可交互式地使用系统诊断功能及时间序列建模工具生成能最佳预测用户时间序列的预测模型。对于每个序列系统提供图形和统计参数，帮助用户选择最佳预测方法。

下面是 SAS 系统时间序列预测分析的主要功能和特点：

（1）使用广泛的预测方法，包括指数平滑模型、Winter 方法以及 ARIMA（Box-Jenkins）模型。用户也可以通过组合模型产生新的预测模型或方法。

（2）在预测模型中使用预测因子变量。预测模型包括时间趋势曲线、回归因子、干扰影响（哑元变量）、用户指定的调整以及动态回归（变换函数）模型。

（3）浏览时间序列图，预测真实值，预测误差，预测置信区间。用户可以浏览序列的修改或变换图，放大图中任意一部分，浏览自相关图等。

（4）使用 HOLD-OUT 样本选择最佳预测方法。

（5）逐个比较任意两个预测模型的拟合优度值或按一特定拟合统计排序的所有模型。

（6）用表格形式浏览每个模型的预测和误差值或任意选择两个模型比较预测结果。

（7）检验每个预测模型的拟合参数及其统计显著性。

（8）控制自动模型选择过程：备选预测模型集，用于选择最佳模型的拟合优度测量值，用于拟合和评估模型的时间段。

（9）通过添加预测模型到自动模型选择处理列表及手工选择操作来定制系统配置。

（10）将用户的工作保存在一个项目目录中。

（11）打印预测过程的所有内容。

（12）保存和打印包括表格、图形的系统输出。

3）SAS/INSIGHT

SAS/INSIGHT 是一个功能强大的可视化的数据探索与分析的工具。它将统计方法与交互式图形显示融合在一起，为用户提供一种全新的使用统计分析方法的环境。

使用 SAS/INSIGHT，用户可以考察单变量（或指标）的分布，显示多变量（或指标）数据，用回归分析、方差分析和广义线性模型等方法建立模型。生成的图形和分析都是动态的，可以通过三维旋转图形来探索数据，通过单击图形上的点来识别它们，方便、快捷地增加或删除一些变量。所有的图形和分析都是动态地连接在一起的。这些动态连接在一起的图形和分析使得用户可以方便、迅速地发现数据中的规律性。一旦发现了数据中的规律性，就可以快捷地建立模型并分析各指标间的关系。

SAS/INSIGHT 具有以下特点：

（1）方便、快捷地探索数据。

SAS/INSIGHT 以表格的形式显示数据。使用数据视窗，用户可以输入新的数据值、进行数据排序、查询数据，并可以同时打开任意多的数据集。通过单击方式，用户可以方便地生成多种探索性的图形，例如盒须图、直方图、散点图、Mosaic 图、二维可重叠线状图和三维旋转图。用户可以方便地计算描述性统计量和各种相关关系。对于高维数据，可以先进行主成分分析，之后画二维或三维主成分散点图，从而了解高维数据的结构。

（2）快捷地拟合最优模型。

一旦发现了数据中的潜在关系，就可以用模型拟合工具来拟合模型。例如，可以拟合带有置信线的多项式曲线，进行核估计、Splines 平滑、Loess 平滑。所有这些曲线都可以用滑动条进行动态调节。还可以拟合回归分析、方差分析、协方差分析和广义线性模型（如 Logistic 回归、Poisson 回归）等方法建立模型。

（3）有效地检查模型的条件。

用以概要统计量、方差分析、参数估计等评估建立的模型，并可进行共线诊断。用残差-预测值图检查误差项的方差是不是常数并识别异常点，还可以检查强影响点等。

4）SAS/EM

屡获大奖的数据挖掘产品 SAS/EM 是一个图形化界面，是菜单驱动的、拖拉式操作、对用户非常友好且功能强大的数据挖掘集成环境。其中集成了：

- 数据获取工具。
- 数据抽样工具。
- 数据筛选工具。
- 数据变量转换工具。
- 数据挖掘数据库。
- 数据挖掘过程。
- 多种形式的回归工具。

- 为建立决策树的数据剖分工具。

- 决策树浏览工具。

- 人工神经元网络。

- 数据挖掘的评价工具。

可利用 SAS/EM 中具有明确代表意义的图形化模块将这些数据挖掘的工具单元组成一个处理流程图,并以此来组织用户的数据挖掘过程。这一过程在任何时候均可根据具体情况的需要进行修改、更新并将适合用户需要的模式存储起来,以便此后重新调出来使用。SAS/EM 图形化的界面,可视化的操作,即使是数理统计经验不太多的使用者,也能按照 SEMMA 的原则成功地进行数据挖掘。对于有经验的专家,SAS/EM 也可让用户一展身手,精细地调整分析处理过程。

这一强大的数据挖掘工具组合阵容保证了可以支持企业级的数据挖掘各个方面的工作。

(1) 数据获取工具。

在 SAS/EM 的这个数据获取工具中,用户可以通过对话框指定要使用的数据集的名称,并指定要在数据挖掘中使用的数据变量。变量分为两类:区间变量(Interval Variable)和分类变量(Class Variable)。区间变量是指那些要进行统计处理的变量。对于这样的变量,在数据输入阶段用户就可以指定他们是否要进行最大值、最小值、平均值、标准差等的处理,还可给出该变量是否有值的缺漏、缺漏的百分比是多少等。利用这些指定可对输入数据在获取伊始就进行一次检查,并把结果告诉用户,用户可初步审视其质量如何。

区间变量以外的变量称为分类变量。在数据输入阶段将会提供给用户每个分类变量共有多少种值可供分类之用。

(2) 数据抽样工具。

对于获取的数据,可再从中进行抽样操作。抽样的方式是多种多样的,有随机抽样、等距抽样、分层抽样、从起始顺序抽样和分类抽样等方式。

① 随机抽样。

在采用随机抽样方式时,数据集中的每一组观测值都有相同的被抽样的概率,如按10%的比例对一个数据集进行随机抽样,则每一组观测值都有10%的机会被取到。

② 等距抽样。

如按 5%的比例对一个有 100 组观测值的数据集进行等距抽样,则有 100/5＝20,等距抽样方式是取第 20 组、第 40 组、第 60 组、第 80 组和第 100 组 5 组观测值。

③ 分层抽样。

在进行这种抽样操作时,首先将样本总体分成若干层次(或者说分成若干个子集)。在每个层次中的观测值都具有相同的被选用的概率,但对不同的层次用户可设定不同的概率。这样的抽样结果可能具有更好的代表性，进而使模型具有更好的拟合精度。

④ 从起始顺序抽样。

这种抽样方式是从输入数据集的起始处开始抽样。抽样的数量可以给定一个百分比，或者直接给定选取观测值的组数。

⑤ 分类抽样。

在前面几种抽样方式中，抽样的单位都是一组观测值。分类抽样的单位是一类观测值。这里的分类是按观测值的某种属性进行区分的，如按客户名称分类、按地址区域分类等。显然在同一类中可能会有多组观测值。分类抽样的选取方式就是前面所述的几种方式，只是抽样以类为单位。

设置多种形式的抽样方式不仅给用户抽样带来了灵活性，更重要的是从抽样阶段用户就能主动地考虑数据挖掘的目的性，强化了最后结论的效果。

（3）数据筛选工具。

通过数据筛选工具用户可从观测值样本中筛选掉不希望包括进来的观测值。对于分类变量可给定某一类的类值说明此类观测值是要排除在抽样范围之外的。对于区间变量可指定其值大于或小于某值时的这些组观测值是要排除在抽样范围之外的。

通过数据筛选使样本数据更适合用户要进行数据挖掘的目标。

（4）数据变量转换工具。

利用此工具可将某一个数据进行某种转换操作，然后将转换后的值作为新的变量存放在样本数据中。转换的目的是使用户的数据和将来要建立的模型拟合得更好，例如原来的非线性模型线性化、加强变量的稳定性等，可进行取幂、对数、开方等转换。当然，用户也可给定一个公式进行转换。

在进行数据挖掘分析模型的操作之前，要建立一个数据挖掘用的数据库（DMDB），其中就放置此次要进行操作的数据。因为此后可能要进行许多复杂的数学运算，在这里建立一个专门的数据集将使用户的工作更加有效率。在处理之前，可对用户选进数据挖掘数据库的各个变量预先进行诸如最大值、最小值、平均值、标准差等处理。对一些要按其分类的变量的等级也要先放入 Meta Data 中，以利于接下来的操作。总之要在这个数据库中为数据挖掘建立一个良好的工作环境。

在数据挖掘的过程中，可以使用 SAS 广泛的数学方法，以及实现最新数学方法的环境。这给用户提供了几乎无所不能的数据挖掘天地。限于篇幅，这里主要介绍几种常用的工具。

（1）多种形式的回归工具。

在图形化工具提供的回归操作中，主要有线性回归和 Logistic 回归。在线性回归中有若干不同的方法供用户选择，诸如向前、向后的逐步回归等，还给用户指定了多种回归运算结束的准则。

在 Logistic 回归过程中可拟合逻辑型的模型,其中响应变量可以是双值的或者是多值的,也可使用逐步法选择模型,还可以进行回归诊断及计算预测值和残差值。

回归处理结束后,将会给用户提供一份供讨论的详细结果,内容包括:对回归参数的评价;对于模型拟合的统计结果;回归结果的标准输出,如 F-检验、均方差、自由度等;回归运行的 LOG;全部回归处理程序的代码;对此次回归记录的文档资料。

(2) 为建立决策树的数据剖分工具。

对数据集进行聚类、剖分建立决策树,是近来数据处理、进行决策支持常用的方法。在 SAS/EM 中也支持这一功能。在建立决策树的过程中,有多种数据聚类、剖分的方法供用户选择。

图形化界面的交互式操作可分成 6 个层次:

- 对用户在数据挖掘数据库中选定的数据集的操作。
- 对数据集中的变量的处理。
- 聚类、剖分时的基本选择项。
- 聚类、剖分时的进一步操作选择项。
- 模型的初步确定。
- 结果的评价。

聚类、剖分可以多种不同的方法进行,不能说哪种方法更"准确",这要看是否满足了用户决策问题的需要,也许用户应当试试不同方法所产生的结果。恰好 SAS/EM 不仅具有多种多样的处理方式可供选择,而且具有相当高的"自动化"程度,使用户能以极快的速度尝试多种方法,尽快得出最佳选择。

(3) 决策树浏览工具。

用户最后做出的满意的决策树可能是一个"枝繁叶茂"的架构。SAS/EM 给用户提供了可视化的浏览工具。这一点很重要,一个复杂的决策树若难以观察,则会影响用户实施决策时的效率,甚至是有效性。决策树浏览工具包括:

- 决策树基本内容和统计值的汇总表。
- 决策树的导航浏览器。
- 决策树的图形显示。
- 决策树的评价图表。
- 人工神经元网络。

人工神经元网络是近来使用越来越广的模型化方法,特别是对回归中难以处理的非线性关系问题,它往往能以更真实反映世界的能力使之得到更灵活的处理。在 SAS/EM 中有强有力地实现人工神经元网络模型的各种工具,使用户免除了繁杂的数据处理,把精力集中于模型本身的考虑。

在 SAS/EM 中的人工神经元网络应用功能可以处理线性模型、多层感知机模型

(Multilayer Perceptron,MLP,这是采用较多的默认方式)和放射型功能(Radial Basis Function,RBF)。在交互式图形化界面上,在一个在线的关于 SAS 人工神经元网络问答的支持下,使用户能高效地通过以下 4 个步骤建立人工神经元网络的模型:

- 数据准备。
- 神经网络的定义。
- 人工神经元网络的训练。
- 生成预报模型。

(4) 用于统计分析的集成类数据挖掘工具。

① IBM SPSS。

SPSS(Statistical Package for the Social Sciences)是目前最流行的统计软件平台之一。自 2015 年开始提供统计产品和服务方案以来,该软件的各种高级功能被广泛地运用于学习算法、统计分析(包括描述性回归、聚类等)、文本分析以及与大数据集成等场景中。同时,SPSS 允许用户通过各种专业性的扩展,运用 Python 和 R 来改进其 SPSS 语法。SPSS 的图形界面如图 3.21 所示。

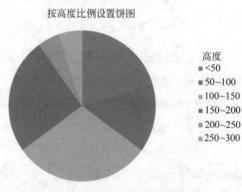

图 3.21 IBM 的 SPSS

② R。

如前所述,R 是一种编程语言,可用于统计计算与图形环境。它能够与 UNIX、FreeBSD、Linux、macOS 和 Windows 操作系统相兼容。R 可以被运用在诸如时间序列分析、聚类以及线性与非线性建模等各种统计分析场景中。同时,作为一种免费的统计计算环境,它还能够提供连贯的系统和各种出色的数据挖掘包,可用于数据分析的图形化工具以及大量的中间件工具。此外,它也是 SAS 和 IBM SPSS 等统计软件的开源解决方案。

③ SAS。

SAS(Statistical Analysis System)是数据与文本挖掘(Text Mining)及优化的合适选择。它能够根据组织的需求和目标,提供多种分析技术和方法功能。目前,它能够提供描述性建模(有助于对客户进行分类和描述)、预测性建模(便于预测未知结果)和解析性建模(用于解析、过滤和转换诸如电子邮件、注释字段、书籍等非结构化数据)。此外，其分布式内存处理架构还具有高度的可扩展性。

④ Oracle Data Mining。

Oracle Data Mining(ODB)是 Oracle Advanced Analytics 的一部分。该数据挖掘工具提供了出色的数据预测算法，可用于分类、回归、聚类、关联、属性重要性判断，以及其他专业分析。此外，ODB 也可以使用 SQL、PL/SQL、R 和 Java 等接口来检索有价值的数据见解，并予以准确的预测。

(5) 开源的数据挖掘工具。

① KNIME。

于 2006 年首发的开源软件 KNIME(Konstanz Information Miner)如今已被广泛地应用在银行、生命科学、出版和咨询等行业的数据科学和机器学习领域。同时，它提供本地和云端连接器，以实现不同环境之间数据的迁移。虽然它是用 Java 实现的，但是KNIME 提供了各种节点，以方便用户在 Ruby、Python 和 R 中运行它。KNIME 的工作流程如图 3.22 所示。

图 3.22　KNIME 的工作流程

② RapidMiner。

作为一种开源的数据挖掘工具，RapidMiner 可与 R 和 Python 无缝地集成。它通过提供丰富的产品来创建新的数据挖掘过程，并提供各种高级分析。同时，RapidMiner 是由 Java 编写的，可以与 WEKA 和 R-tool 相集成，是目前好用的预测分析系统之一。它能够提供诸如远程分析处理、创建和验证预测模型、多种数据管理方法、内置模板、可重复的工作流程、数据过滤以及合并与连接等多项实用功能。

③ Orange。

Orange 是基于 Python 的开源式数据挖掘软件。当然，除了提供基本的数据挖掘功能外，Orange 也支持用于数据建模、回归、聚类、预处理等领域的机器学习算法。同时，Orange 还提供了可视化的编程环境，以及方便用户拖放组件与链接的能力。

(6) 大数据类数据挖掘工具。

从概念上说，大数据既可以是结构化的，也可以是非结构化或半结构化的。它通常涵盖 5 个 V 的特性，即体量（Volume，可能达到 TB 或 PB 级）、多样性（Variety）、速度（Velocity）、准确性（Veracity）和价值（Value）。鉴于其复杂性，我们对于海量数据的存储、模式的发现以及趋势的预测等，都很难在一台计算机上处理与实现，因此需要用到分布式的数据挖掘工具。

① Apache Spark。

Apache Spark 凭借其处理大数据的易用性与高性能而备受欢迎。它具有针对 Java、Python(PySpark)、R(SparkR)、SQL、Scala 等多种接口，能够提供 80 多个高级运算符，以方便用户更快地编写出代码。另外，Apache Spark 也提供了针对 SQL and DataFrames、Spark Streaming、GraphX 和 MLlib 的代码库，以实现快速的数据处理和数据流平台。

② Hadoop MapReduce。

Hadoop 是处理大量数据和各种计算问题的开源工具集合。虽然是用 Java 编写而成的，但是任何编程语言都可以与 Hadoop Streaming 协同使用。其中 MapReduce 是 Hadoop 的实现和编程模型。它允许用户"映射（Map）"和"简化（Reduce）"各种常用的功能，并且可以横跨庞大的数据集，执行大型连接（Join）操作。此外，Hadoop 也提供了诸如用户活动分析、非结构化数据处理、日志分析以及文本挖掘等应用。目前，它已成为一种针对大数据执行复杂数据挖掘的广泛适用方案。

③ Qlik。

Qlik 是一个能够运用可扩展且灵活的方法来处理数据分析和挖掘的平台。它具有易用的拖放界面，并能够即时响应用户的修改和交互。为了支持多个数据源，Qlik 通过各种连接器、扩展、内置应用以及 API 集实现与各种外部应用格式的无缝集成。同时，它也是集中式共享分析的绝佳工具。

(7) 小型数据挖掘方案。

① Scikit-Learn。

作为一款可用于 Python 机器学习的免费软件工具，Scikit-Learn 能够提供出色的数据分析和挖掘功能。它具有诸如分类、回归、聚类、预处理、模型选择以及降维等多种功能。Scikit-Learn 的分层聚类如图 3.23 所示。

② Rattle(R)。

由 R 语言开发的 Rattle 能够与 macOS、Windows 和 Linux 等操作系统相兼容。它主要被美国和澳大利亚的用户用于企业商业与学术目的。R 语言的计算能力能够为用户提供诸如聚类、数据可视化、建模以及其他统计分析类功能。

③ Pandas(Python)。

Pandas 是利用 Python 进行数据挖掘的"一把好手"。由它提供的代码库既可以被用

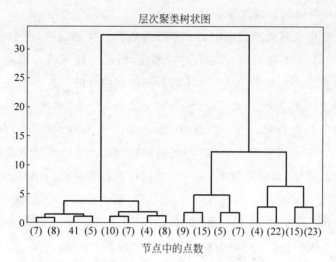

图 3.23 Scikit-Learn 的分层聚类

来进行数据分析,又可以管理目标系统的数据结构。

④ H3O。

作为一种开源的数据挖掘软件,H3O 可以被用来分析存储在云端架构中的数据。虽然是由 R 语言编写的,但是该工具不但能与 Python 兼容,而且可以用于构建各种模型。此外,得益于 Java 的语言支持,H3O 能够被快速、轻松地部署到生产环境中。

(8)用于云端数据挖掘的方案。

通过实施云端数据挖掘技术,用户可以从虚拟的集成数据仓库中检索到重要的信息,进而降低存储和基础架构的成本。

① Amazon EMR。

作为处理大数据的云端解决方案,Amazon EMR 不仅可以被用于数据挖掘,还可以执行诸如 Web 索引、日志文件分析、财务分析、机器学习等数据科学工作。该平台提供了包括 Apache Spark 和 Apache Flink 在内的各种开源方案,并且能够通过自动调整集群之类的任务来提高大数据环境的可扩展性。

② Azure ML。

作为一种基于云服务的环境,Azure ML 可用于构建、训练和部署各种机器学习模型。针对各种数据分析、挖掘与预测任务,Azure ML 可以让用户在云平台中对不同体量的数据进行计算和操控。

③ Google AI Platform。

与 Amazon EMR 和 Azure ML 类似,基于云端的 Google AI Platform 也能够提供各种机器学习栈。Google AI Platform 包括各种数据库、机器学习库以及其他工具。用户可以在云端使用它们,以执行数据挖掘和其他数据科学类任务。

（9）使用神经网络的数据挖掘工具。

神经网络主要以人脑处理信息的方式来处理数据。换句话说，由于我们的大脑有着数百万个处理外部信息并随之产生输出的神经元，因此神经网络可以遵循此类原理，通过将原始数据转换为彼此相关的信息来实现数据挖掘的目的。

① PyTorch。

PyTorch 既是一个 Python 包，也是一个基于 Torch 库的深度学习框架。它最初是由 Facebook 的 AI 研究实验室（FAIR）开发的，属于深层的神经网络类数据科学工具。用户可以通过加载数据、预处理数据、定义模型执行训练和评估，这样的数据挖掘步骤通过 PyTorch 对整个神经网络进行编程。此外，借助强大的 GPU 加速能力，Torch 可以实现快速的阵列计算。截至 2020 年 9 月，Torch 的 R 生态系统中已包含 torch、torchvision、torchaudio 以及其他扩展。PyTorch 的神经网络结构如图 3.24 所示。

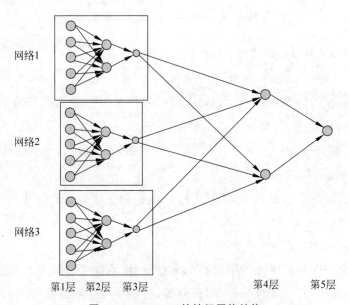

图 3.24　PyTorch 的神经网络结构

② TensorFlow。

与 PyTorch 相似，由 Google Brain Team 开发的 TensorFlow 也是基于 Python 的开源机器学习框架。它既可以被用于构建深度学习模型，又能够高度关注深度神经网络。TensorFlow 生态系统不但能够灵活地提供各种库和工具，而且拥有一个广泛的流行社区，开发人员可以进行各种问答和知识共享。尽管属于 Python 库，但是 TensorFlow 于 2017 年开始对 TensorFlow API 引入 R 接口。

（10）用于数据可视化的数据挖掘工具。

数据可视化是对从数据挖掘过程中提取的信息予以图形化表示。此类工具能够让用户通过图形、图表、映射图以及其他可视化元素直观地了解数据的趋势、模型和异常值。

① Matplotlib。

Matplotlib 是使用 Python 进行数据可视化的出色工具库。它允许用户利用交互式的图形来创建诸如直方图、散点图、3D 图等质量图表,而且这些图表都可以从样式、轴属性、字体等方面被自定义。Matplotlib 的图表示例如图 3.25 所示。

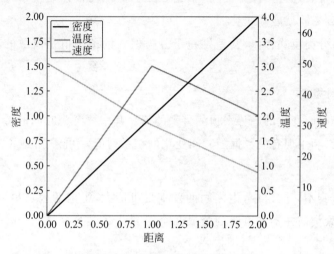

图 3.25 **Matplotlib 的图表示例**

② ggplot2。

ggplot2 是一款广受欢迎的数据可视化 R 工具包,它允许用户构建各类高质量且美观的图形。同时,用户也可以通过该工具高度抽象地修改图中的各种组件。

3.7 数据挖掘的评价工具

在 SAS/EM 的评价工具中,向用户提供了一个通用的数据挖掘评价的架构,可以比较不同的模型效果,预报各种不同类型分析工具的结果。

在进行了各种比较和预报的评价之后,将给出一系列标准的图表,供用户进行定量评价。可能用户会有自己独特的评价准则,在 SAS/EM 的评价工具中,还可以进行客户化的工作,对那些标准的评价图表按照用户的具体要求进行更改。这样一来,评价工作可能就会更有意义。

SAS/EM 让用户以可操作的规范性实现了 SEMMA 数据挖掘方法。它所涵盖的技术深度和广度用户是可以预见的。这对于各种不同类型的计算机用户来说都是非常适合的。如果让用户自己规划这样一个系统,可能很难想象得这样完整,更不要说用户是否有这么多的时间和精力像 SAS 的数据挖掘专家这样来开发这样的工具。

如何选择满足自己需要的数据挖掘工具呢? 本节介绍评价一个数据挖掘工具需要从哪些方面来考虑。

3.7.1 可产生的模式种类的多少

分类模式是一种分类器,能够把数据集中的数据映射到某个给定的类上,从而应用于数据预测。它常表现为一棵分类树,根据数据的值从树根开始搜索,沿着数据满足的分支往上走,走到树叶就能确定类别。

回归模式与分类模式相似,其差别在于分类模式的预测值是离散的,回归模式的预测值是连续的。

1. 时间序列模式

根据数据随时间变化的趋势来预测将来的值。其中要考虑时间的特殊性质,只有充分考虑时间因素,利用现有的数据随时间变化的一系列值,才能更好地预测将来的值。

2. 聚类模式

把数据划分到不同的组中,组之间的差别尽可能大,组内的差别尽可能小。与分类模式不同,进行聚类前并不知道要划分成几个组和什么样的组,也不知道根据哪些数据项来定义组。

3. 关联模式

关联模式是数据项之间的关联规则。而关联规则是描述事物之间同时出现的规律的知识模式。在关联规则的挖掘中要注意以下几点:

(1) 充分理解数据。

(2) 目标明确。

(3) 数据准备工作要做好。

(4) 选取恰当的最小支持度和最小可信度。

(5) 很好地理解关联规则。

4. 序列模式

与关联模式相似,它把数据之间的关联性与时间联系起来。为了发现序列模式,不仅需要知道事件是否发生,而且需要确定事件发生的时间。

在解决实际问题时,经常要同时使用多种模式。分类模式和回归模式使用得最为普遍。

3.7.2 解决复杂问题的能力

数据量的增大,对模式精细度、准确度要求的增高都会导致问题复杂性的增大。数据挖掘系统可以提供下列方法解决复杂问题:

- 多种模式。多种类别模式的结合使用有助于发现有用的模式,降低问题的复杂性。例如,首先用聚类的方法把数据分组,然后在各个组上挖掘预测性的模式,将会比单纯在整个数据集上进行操作更有效、准确度更高。
- 多种算法。很多模式,特别是与分类有关的模式,可以由不同的算法来实现,各有各的优缺点,适用于不同的需求和环境。数据挖掘系统提供多种途径产生同种模式,将更有能力解决复杂问题。
- 验证方法。在评估模式时,有多种可能的验证方法。比较成熟的方法像 N 层交叉验证或 Bootstrapping 等可以控制,以达到最大的准确度。

N 层交叉验证采用数据选择和转换模式,该方法通常被大量的数据项所隐藏。有些数据是冗余的,有些数据是完全无关的。而这些数据项的存在会影响有价值的模式的发现。数据挖掘系统的一个很重要的功能就是能够处理数据复杂性,提供工具,选择正确的数据项和转换数据值。

可视化工具提供直观、简洁的机制表示大量的信息。这有助于定位重要的数据,评价模式的质量,从而减少建模的复杂性。

为了更有效地提高处理大量数据的效率,数据挖掘系统的扩展性十分重要。需要了解的是:数据挖掘系统能否充分利用硬件资源;是否支持并行计算;算法本身设计为并行的或利用了 DBMS 的并行性能;支持哪种并行计算机,SMP 服务器还是 MPP 服务器;当处理器的数量增加时,计算规模是否相应增长;是否支持数据并行存储。

为单处理器的计算机编写的数据挖掘算法不会在并行计算机上自动以更快的速度运行。为了充分发挥并行计算的优点,需要编写支持并行计算的算法。

3.7.3　易操作性

易操作性是一个重要的因素。有的工具有图形化界面,引导用户半自动化地执行任务,有的使用脚本语言。有些工具还提供数据挖掘的 API,可以嵌入像 C、Visual Basic、PowerBuilder 这样的编程语言中。

模式可以运用到已存在或新增加的数据上。有的工具有图形化的界面,有的允许通过使用 C 这样的程序语言或 SQL 中的规则集,把模式导出到程序或数据库中。

3.7.4　数据存取能力

好的数据挖掘工具可以使用 SQL 语句直接从 DBMS 中读取数据。这样可以简化数据准备工作,并且可以充分利用数据库的优点(比如平行读取)。没有一种工具可以支持大量的 DBMS,但可以通过通用的接口连接大多数流行的 DBMS。Microsoft 的 ODBC

就是一个这样的接口。

3.7.5 与其他产品的接口

有很多别的工具可以帮助用户理解数据，理解结果。这些工具可以是传统的查询工具、可视化工具、OLAP工具。数据挖掘工具是否能提供与这些工具集成的简易途径？

因为数据挖掘工具需要考虑的因素很多，很难按照原则给工具排一个优劣次序。最重要的还是用户的需要，根据特定的需求加以选择。数据挖掘工具可以给很多产业带来收益。国外的许多行业如通信、信用卡公司、银行和股票交易所、保险公司、广告公司、商店等已经大量利用数据挖掘工具来协助其业务活动，国内在这方面的应用还处于起步阶段，对数据挖掘技术和工具的研究人员以及开发商来说，我国是一个有巨大潜力的市场。

习题

1. 数据仓库、数据集市与数据挖掘有哪些区别与联系？
2. 简述 SAS 的数据挖掘理论。
3. 数据挖掘的常用算法有哪些？试举例说明。
4. 空间数据挖掘的常用方法有哪些？
5. 简单介绍几种常用的数据挖掘工具。
6. 如何选择合适的数据挖掘工具？

第 **4** 章

数据挖掘是如何工作的

观看视频

【本章要点】

1. 数据挖掘的工作流程。

2. 数据挖掘的体系结构。

3. 集成后的数据挖掘体系是如何工作的。

4. 数据挖掘能为企业产生利润的原因。

4.1 数据挖掘的基本流程

在实施数据挖掘之前,先制定采取什么样的步骤,每一步都做什么,达到什么样的目标是必要的,有了好的计划才能保证数据挖掘有条不紊地实施并取得成功。很多软件供应商和数据挖掘顾问公司都提供了一些数据挖掘过程模型,来指导它们的用户一步一步地进行数据挖掘工作。例如,SPSS 公司的 5A 和 SAS 公司的 SEMMA。

数据挖掘过程模型步骤主要包括定义问题、建立数据挖掘库、分析数据、准备数据、建立模型、评价模型和实施。下面让我们来具体看一下每个步骤的具体内容。

(1) 定义问题。在开始知识发现之前,最先的也是最重要的要求就是了解数据和业务问题。必须要对目标有一个清晰明确的定义,即决定到底想干什么。例如,想提高电子信箱的利用率时,要做的可能是"提高用户使用率",也可能是"提高一次用户使用的价值",要解决这两个问题,建立的模型几乎是完全不同的,必须做出决定。

(2) 建立数据挖掘库。建立数据挖掘库包括以下几个步骤:数据收集、数据描述、数据选择、数据质量评估和数据清理、合并与整合、构建元数据、加载数据挖掘库、维护数据挖掘库。

（3）分析数据。分析数据的目的是找到对预测输出影响最大的数据字段，和决定是否需要定义导出字段。如果数据集包含成百上千的字段，那么浏览分析这些数据将是一件非常耗时和累人的事情，这时需要选择一个具有好的界面和功能强大的工具软件来协助用户完成这些事情。

（4）准备数据。这是建立模型之前的最后一步数据准备工作。可以把此步骤分为4个部分：选择变量、选择记录、创建新变量和转换变量。

（5）建立模型。建立模型是一个反复的过程。需要仔细考察不同的模型以判断哪个模型对面对的商业问题最有用。先用一部分数据建立模型，再用剩下的数据来测试和验证这个得到的模型。有时还有第3个数据集，称为验证集，因为测试集可能受模型的特性的影响，这时需要一个独立的数据集来验证模型的准确性。训练和测试数据挖掘模型需要把数据至少分成两个部分，一个用于模型训练，另一个用于模型测试。

（6）评价模型。模型建立好之后，必须评价得到的结果，解释模型的价值。从测试集中得到的准确率只对用于建立模型的数据有意义。在实际应用中，需要进一步了解错误的类型和由此带来的相关费用的多少。经验证明，有效的模型并不一定是正确的模型。造成这一点的直接原因就是模型建立中隐含的各种假定，因此直接在现实世界中测试模型很重要。先在小范围内应用，取得测试数据，觉得满意之后再向大范围推广。

（7）实施。模型建立并经验证之后，有两种主要的使用方法：一种是提供给分析人员作参考，另一种是把此模型应用到不同的数据集上。

通过过程模型步骤分析，可以得到数据挖掘的基本工作流程。

1. 收集数据

收集数据一般是补充外部数据，包括采用爬虫和接口，获取、补充目前数据不足的部分。Python Scrapy、Requests是很好的工具。

2. 准备数据

主要包括数据清洗、预处理、错值纠正、缺失值填补、连续值离散化、去掉异常值以及数据归一化的过程。同时需要根据准备采用的挖掘工具准备恰当的数据格式。

3. 分析数据

通过初步统计、分析以及可视化，或者探索性数据分析工具，得到初步的数据概况。分析数据的分布、质量、可靠程度、实际作用域，以确定下一步的算法选择。

4. 训练算法

整个工作流最核心的一步，根据现有数据选择算法生成训练模型，主要是进行算法选择和参数调整。

（1）算法选择。需要对算法性能和精度以及编码实现难度进行衡量和取舍（甚至算法工具箱对数据集的限制情况都是算法选择考虑的内容)。在实际工程中,不考虑算法复杂度超过 $O(n^2)$ 的算法。Java 的 Weka 和 Python 的 Scipy 是很好的数据挖掘分析工具,一般都会在小数据集进行算法选择的预研。

(2) 参数调整。这是一门神奇的技能,只能在实际过程中体会。

5. 测试算法

这一步主要是针对监督算法(分类、回归),为了防止模型的 Overfit,需要测试算法模型的覆盖能力和性能,方法包括 Holdout 和 Random Subsampling。

非监督算法(聚类)采用更加具体的指标,包括熵、纯度、精度、召回率等。

6. 使用、解释、修正算法

数据挖掘不是一个静态的过程,需要不断对模型重新评估、衡量、修正。算法模型的生命周期也是一个值得探讨的话题。

数据挖掘工具是怎样准确地告诉用户那些隐藏在数据库深处的重要信息的呢?它们又是如何做出预测的? 答案就是建模。建模实际上就是在用户知道结果的情况下建立一种模型,并且把这种模型应用到用户所不知道的情况中。例如,如果用户想要在大海上寻找一艘古老的西班牙沉船,也许首先想到的就是寻找过去发现这些宝藏的时间和地点有哪些。经过调查,用户发现这些沉船大部分都是在百慕大海区被发现的,并且那个海区有着某种特征的洋流,那个时代的航线也有一定的特征可寻。在这众多的类似特征中,用户将它们抽象并概括为一个普适的模型。利用这个模型,用户就很有希望在具有大量相同特征的另一个地点发现一个不为人知的宝藏。

当然,在数据挖掘技术甚至计算机出现以前,这种建模抽象的方法就已经广泛地被人们所使用。在计算机中的建模和以前的建模方法并无很大不同,主要的差异在于计算机能处理的信息量比起以前来更加庞大。计算机中能够存储已知结果的大量不同情况,然后由数据挖掘工具从这些大量的信息中披沙拣金,将能够产生模型的信息提取出来。一旦模型建立好之后,就可以应用在那些情形相似但结果尚未知的判断中。例如,假设你是一个电信公司的营销主任,公司想发展一些新的长途电话用户,那么你是不是会漫无目的地到街上去散发广告呢? 就像漫无目的地到海上寻宝一样。其实,比起漫无目的地进行宣传,利用你以前的商业经验来有目的地拉拢客户会产生高得多的效率。

作为一个营销主任,你对客户的很多信息都可以了解得一清二楚,如年龄、性别、信用记录以及长途电话使用状况。从好的一方面来看,掌握了这些客户的信息,其实就是掌握了很多潜在的用户的同样的信息。问题在于你还不一定了解他们的长途电话使用情况(因为他们的长途电话也许是通过另一个电信公司办理的)。现在你的主要精力就集中在用户中谁有比较多的长途电话上。通过表 4.1,我们可以从数据库中抽象某些变量,从而建立一个可以对此进行分类营销的模型。

表 4.1　数据挖掘应用于分类营销

信 息 类 型	客　　户	潜　　力
一般信息	已知	已知
私有信息	已知	待定

　　根据我们创建的从一般信息到私有信息的计算模型，可以得出表 4.1 的信息。例如，一个电信公司的简化模型可以是：年薪 6 万美元以上的 98％ 的客户，每个月长途电话费在 80 美元以上。根据这个模型，我们就能应用这些数据来推断出公司现在尚不能明确的私有信息，这样新客户群体就可以大体确定出来了。小型市场的试销数据对于这样的模型来说显得极为有用。因为小范围内试销数据的挖掘能够为全部市场的分类销售打下一个良好的基础。表 4.2 则描述了另一种数据挖掘的普遍应用——预测。

表 4.2　数据挖掘应用于预测

信 息 类 型	过　　去	现　　在	将　　来
静态信息和当前计划	已知	已知	已知
动态信息	已知	已知	待定

4.2　数据挖掘的体系结构

　　现在很多数据挖掘工具是独立在数据仓库以外的，它们需要独立地输入输出数据，以及进行相对独立的数据分析。为了最大限度地发挥数据挖掘工具的潜力，它们必须像很多商业分析软件一样，紧密地和数据仓库集成起来。这样，在人们对参数和分析深度进行变化的时候，高集成度就能大大地简化数据挖掘过程。图 4.1 显示了一个联机分析处理（On-Line Analytical Processing，OLAP）系统的体系结构。

　　该系统采用分布式的 3 层体系结构，由应用服务器、展示工具、管理工具和元数据库来共同完成系统的功能。所有业务逻辑操作和数据库操作都是由应用服务器来完成的，客户端和服务器端之间的接口遵循 CORBA 规范，从而具有良好的扩展性和稳固性，其结构如图 4.1 所示。

　　从图 4.1 可以看出，应用服务器是连接数据库和客户端的桥梁，它是联机分析处理系统的核心部分，集成了所有的业务逻辑和数据处理模块。展示工具是供分析人员使用的简单的查询、分析、报表工具。管理工具是供系统管理员使用的工具，用于配置查询主题。

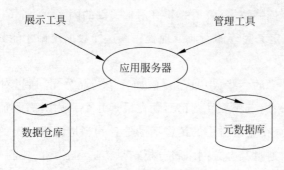

图 4.1 OLAP 体系结构图

4.3 集成后的数据挖掘体系

应用数据挖掘技术较为理想的起点就是从一个数据仓库开始,这个数据仓库中应保存着所有客户的合同信息,并且还应有相应的市场竞争对手的相关数据。这样的数据库可以是各种市场上的数据库,如 Sybase、Oracle、Redbrick 及其他,并且可以针对其中的数据进行速度和灵活性上的优化。

联机分析处理系统服务器可以使一个十分复杂的最终用户商业模型应用于数据仓库中。数据库的多维结构可以让用户从不同角度,例如产品分类、地域分类或者其他关键角度来分析和观察他们的生意运营状况。数据挖掘服务器在这种情况下必须和联机分析处理系统服务器以及数据仓库紧密地集成起来,这样就可以直接跟踪数据并辅助用户快速做出商业决策,并且用户还可以在更新数据的时候不断发现更好的行为模式,并将其运用于未来的决策中。

数据挖掘系统的出现代表着常规决策支持系统的基础结构的转变。不像查询和报表语言仅是将数据查询结果反馈给最终用户那样,数据挖掘高级分析服务器把用户的商业模型直接应用于其数据仓库之上,并且反馈给用户一个相关信息的分析结果。这个结果是一个经过分析和抽象的动态视图层,通常会根据用户的不同需求而变化。基于这个视图,各种报表工具和可视化工具就可以将分析结果展现在用户面前,以帮助用户计划将采取怎样的行动。

4.4 产生利润的工具

有很多公司都成功地安装了数据挖掘工具。早先采用了这种技术的公司大部分都是信息密集型公司,例如金融服务和邮件营销系统,但是现在这种技术已经准备好应用于各个公司中,只要公司具有大型数据库,并且有强烈的通过软件技术改善公司管理的愿望。但是采用数据挖掘技术，公司必须有两个关键的因素：一个是拥有大型的、集成化的数据库；另一个是定义完善的商业处理程序。这样数据挖掘才能紧密地应用于公司数据之上。

采用数据挖掘技术的一些成功应用，例如一个药品公司，通过对它最近的营销强度和销售结果的分析，来决定哪一种营销活动在最近几个月内对高附加值的医生群体影响最大，这样的分析建立在竞争对手的销售活动信息和当地健康状况的数据系统之上。然后这个药品公司可以通过其办公网络将分析结果传达到各地的销售代表处，销售代表则可以根据公司传递的关键信息来做出相应的销售抉择，这样在快速变化的、动态的市场上，销售代表可以根据对各种特殊情况的分析做出最优的选择。

数据挖掘从本质上说是一种新的商业信息处理技术。数据挖掘技术把人们对数据的应用从低层次的联机查询操作提高到决策支持、分析预测等更高级的应用上。它通过对这些数据进行微观、中观乃至宏观的统计、分析、综合和推理，发现数据间的关联性、未来趋势以及一般性的概括知识等，这些知识性的信息可以用来指导高级商务活动。

从决策、分析和预测等高级商业目的来看，原始数据只是被开采的矿山，需要挖掘和提炼才能获得对商业目的有用的规律性知识。这正是数据挖掘这个名字的由来。因此，从商业角度来看，数据挖掘就是按企业的既定业务目标对大量的企业数据进行深层次分析，以揭示隐藏的、未知的规律性并将其模型化，从而支持商业决策活动。从商业应用角度刻画数据挖掘，可以使我们更全面地了解数据挖掘的真正含义。它有别于机器学习等其他研究领域，从它的提出之日起就具有很强的商业应用目的。同时，数据挖掘技术只有面向特定的商业领域才有应用价值。数据挖掘并不是要求发现放之四海而皆准的真理，所有发现的知识都是相对的，并且对特定的商业行为才有指导意义。

数据挖掘之所以吸引专家学者的研究兴趣和引起商业厂家的广泛关注，主要在于大型数据系统的广泛使用和把数据转换成有用知识的迫切需要。20世纪60年代，为了适应信息的电子化要求，信息技术一直从简单的文件处理系统向有效的数据库系统变革。70年代，数据库系统的3个主要模式——层次、网络和关系数据库的研究和开发取得了重要进展。80年代，关系数据库及其相关的数据模型工具、数据索引及数据组织技术被广泛采用，并且成为整个数据库市场的主导。80年代中期开始，关系数据库技术和新型技术的结合成为数据库研究和开发的重要标志。从数据模型来看，诸如扩展关系、面向对象、对象-关系（Object-Relation）以及演绎模型等被应用到数据库系统中。从应用的数据类型来看，包括空间、时态、多媒体以及Web等新型数据成为数据库应用的重要数据源。同时，事务数据库（Transaction Database）、主动数据库（Active Database）、知识库（Knowledge Base）、办公信息库（Information Base）等技术也得到了蓬勃发展。从数据的分布角度来看，分布式数据库（Distributed Database）及其透明性、并发控制、并行处理等成为必须面对的课题。进入90年代，分布式数据库理论上趋于成熟，分布式数据库技术得到了广泛应用。目前,由于各种新型技术与数据库技术的有机结合,使得数据库领域中的新内容、新应用、新技术层出不穷,形成了庞大的数据库家族。但是,这些数据库的应用都是以实时查询处理技术为基础的。从本质上说,查询是对数据库的被动使用。由于简单查询只是数据库内容的选择性输出,因此它和人们期望的分析预测、决策支持等高级应用仍有很大距离。

新的需求推动新的技术的诞生。数据挖掘的灵魂是深层次的数据分析方法。数据分析是科学研究的基础,许多科学研究都是建立在数据收集和分析基础上的。同时在目前的商业活动中,数据分析总是和一些特殊的人群的高智商行为联系起来,因为并不是每个平常人都能从过去的销售情况预测将来的发展趋势或做出正确决策的。但是,随着一个企业或行业业务数据不断积累,特别是由于数据库的普及,人工整理和理解如此大的数据源已经存在效率、准确性等问题。因此,探讨自动化的数据分析技术,为企业提供能带来商业利润的决策信息便成为必然。事实上,数据(Data)、信息(Information)和知识(Knowledge)可以看作是广义数据表现的不同形式。毫不夸张地说,人们对于数据的拥有欲是贪婪的,特别是计算机存储技术和网络技术的发展加速了人们收集数据的范围和容量。这种贪婪的结果导致了"数据丰富而信息贫乏(Data Rich & Information Poor)"现象的产生。数据库是目前组织和存储数据的最有效方法之一,但是面对日益膨胀的数据,数据库查询技术已表现出它的局限性。直观上说,信息或称有效信息是指对人们有帮助的数据。例如,在现实社会中,如果人均阅读时间在30分钟的话,一个人一天最快只能浏览一份20版左右的报纸。如果你订阅了100份报纸,其实你每天也不过只阅读了一份而已。面对计算机中的海量数据,人们处于同样的尴尬境地,缺乏获取有效信息的手段。知识是一种概念、规则、模式和规律等。它不会像数据或信息那么具体,但是它却是人们一直不懈追求的目标。事实上,在我们的生活中,人们只是把数据看作是形成知识的源泉。我们是通过正面或反面的数据或信息来形成和验证知识的,同时又不断地利用知识来获得新的信息。因此,随着数据的膨胀和技术环境的进步,人们对联机决策和分析等高级信息处理的要求越来越迫切。在强大的商业需求的驱动下,商家开始注意到有效地解决大容量数据的利用问题具有巨大的商机,学者开始思考从大容量数据集中获取有用信息和知识的方法。因此,在20世纪80年代后期,产生了数据仓库和数据挖掘等信息处理思想。

数据挖掘是一种从数据集中提取那些隐藏的有用数据的非平凡过程。对于当前经济贸易的高度发展,目前数据挖掘在企业客户数据方面主要有以下几个方面的应用。

1. 获得潜在的客户信息

随着服务行业的竞争加剧,以客户为中心的理念不断加强,客户是服务行业的主要目标,如何挖掘自身客户是每个企业都在考虑的问题。例如电信、联通这些运营商如何来获取客户信息,哪些客户喜欢用移动号码,哪些客户喜欢用联通号码,他们的年龄分布群是怎样的,收入状况如何。通过分析挖掘这些数据的潜在规律可以更好地帮助他们获取潜在的客户信息。

2. 挖掘客户的潜在需求

分析客户、了解客户并引导客户需求已成为企业经营的重要课题。电信业务收据收集了客户交易的所有信息,对客户进行分类,确定不同类型的用户的不同潜在行为,然后采取相应的营销策略,使企业产生的利润最大化。

3. 留住自己的客户

数据挖掘技术可以对大量的客户信息进行数据分类,把客户分成不同的类型,不同的客户类型具有不同的属性,企业可以根据不同的客户类型提供不同的服务,让客户对企业产生很好的满意度,这是留住客户的一个因素。数据挖掘技术还可以从这些数据中发现哪些特质的客户是有可能流失的,这样企业可以采取相应的措施对客户进行挽留。

4. 聚类客户

聚类客户是通过分析客户的浏览行为来分析客户所属的类别,提取客户的共同特征,可以有效地帮助产品销售商更好地了解客户,向客户提供更加贴身的服务。例如,有些客户一直在买"婴儿衣服""尿不湿"这些产品,通过分析这些客户的浏览行为,我们可以将这些客户纳入 Parents 客户组,在下次这些顾客光顾的时候就可以相应地推荐"奶粉""玩具"等产品。

习题

1. 简述数据挖掘的基本工作流程。
2. 简述 OLAP 的体系结构。
3. 集成后的数据挖掘体系有什么特点?
4. 数据挖掘为什么被称为产生利润的工具?

第 **5** 章

数据挖掘技术的应用

【本章要点】

1. 数据挖掘在网络中的应用。

2. 数据挖掘在 CRM 中的应用。

3. 数据挖掘在风险评估中的应用。

4. 数据挖掘在交通领域中的应用。

5. 数据挖掘在助力疫情防控上的应用。

观看视频

5.1　网络数据挖掘

Web 上有海量的数据信息,怎样对这些数据进行复杂的应用成为现今数据库技术的研究热点。数据挖掘就是从大量的数据中发现隐含的规律性的内容,解决数据的应用质量问题。充分利用有用的数据,废弃虚伪无用的数据,是数据挖掘技术最重要的应用。相对于 Web 数据而言,传统的数据库中的数据结构性很强,即其中的数据为完全结构化的数据,而 Web 数据最大的特点是半结构化。所谓半结构化,是相对于完全结构化的传统数据库的数据而言的。显然,面向 Web 的数据挖掘比面向单个数据仓库的数据挖掘要复杂得多。

1. 异构数据库环境

从数据库研究的角度出发,Web 网站上的信息也可以看作一个数据库,一个更大、更复杂的数据库。Web 上的每一个站点就是一个数据源,每个数据源都是异构的,因而每个站点之间的信息和组织都不一样,这样就构成了一个巨大的异构数据库环境。如果想要利用这些数据进行数据挖掘,首先必须研究站点之间异构数据的集成问题,只有将这些站点的数据都集成起来,提供给用户一个统一的视图,才有可能从巨大的数据资源中获取所需的东西。其次,还要解决 Web 上的数据查询问题,因为如果所需的数据不能很有效地得到,对这些数据进行分析、集成、处理就无从谈起。

2. 半结构化的数据结构

Wcb 上的数据与传统的数据库中的数据不同,传统的数据库有一定的数据模型,可以根据模型来具体描述特定的数据。而 Web 上的数据非常复杂,没有特定的模型描述,每个站点的数据都各自独立设计,并且数据本身具有自述性和动态可变性。因而,Web 上的数据具有一定的结构性,但因自述层次的存在,是一种非完全结构化的数据,这也被称为半结构化数据。半结构化是 Web 数据的最大特点。

3. 解决半结构化的数据源问题

Web 数据挖掘技术首先要解决半结构化数据源模型和半结构化数据模型的查询与集成问题。解决 Web 上的异构数据的集成与查询问题,就必须要有一个模型来清晰地描述 Web 上的数据。针对 Web 上的数据半结构化的特点,寻找一个半结构化的数据模型是解决问题的关键所在。除了要定义一个半结构化的数据模型外,还需要一种半结构化模型的抽取技术,即自动从现有数据中抽取半结构化模型的技术。面向 Web 的数据挖掘必须以半结构化模型和半结构化数据模型抽取技术为前提。

4. XML 与 Web 数据挖掘技术

以 XML(eXtensible Markup Language,可扩展标记语言)为基础的新一代 WWW 环境是直接面对 Web 数据的,不仅可以很好地兼容原有的 Web 应用,而且可以更好地实现 Web 中的信息共享与交换。XML 可看作一种半结构化的数据模型,可以很容易地将 XML 的文档描述与关系数据库中的属性一一对应起来,实施精确的查询与模型抽取。

1) XML 的产生与发展

XML 是由万维网协会(W3C)设计,特别为 Web 应用服务的标准通用标记语言(Standard General Markup Language,SGML)的一个重要分支。总的来说,XML 是一种中介标示语言(Meta-Markup Language),可提供描述结构化资料的格式,详细来说,XML 是一种类似于 HTML,被设计用来描述数据的语言。XML 提供了一种独立地运行程序的方法来共享数据,它是用来自动描述信息的一种新的标准语言,能使计算机通信把 Internet 的功能由信息传递扩大到人类其他多种多样的活动中。XML 由若干规则组成,这些规则可用于创建标记语言,并能用一种被称作分析程序的简明程序处理所有新创建的标记语言,正如 HTML 为第一个计算机用户阅读 Internet 文档提供一种显示方式一样,XML 也创建了一种任何人都能读出和写入的世界语。XML 解决了 HTML 不能解决的两个 Web 问题,即 Internet 发展速度快而接入速度慢的问题,以及可利用的信息多,但难以找到自己需要的那部分信息的问题。XML 能增加结构和语义信息,可使计算机和服务器即时处理多种形式的信息。因此,运用 XML 的扩展功能不仅能从 Web 服务器下载大量的信息,还能大大减少网络业务量。

XML 中的标志(Tag)是没有预先定义的,使用者必须自定义需要的标志,XML 是能够进行自解释(Self Describing)的语言。XML 使用 DTD(Document Type Definition,文档类型定义)来显示这些数据,XSL(eXtensible Stylesheet Language)是一种来描述这些文档如何显示的机制,它是 XML 的样式表描述语言。XSL 的历史比 HTML 用的 CSS (Cascading Style Sheets,层叠样式表)还要悠久,XSL 包括两部分:一个用来转换 XML 文档的方法;另一个用来格式化 XML 文档的方法。XLL(eXtensible Link Language)是 XML 连接语言,它提供 XML 中的连接,与 HTML 中的类似,但功能更强大。使用 XLL 可以多方向连接,且连接可以存在于对象层级,而不仅是页面层级。由于 XML 能够标记更多的信息,因此它能使用户很轻松地找到他们需要的信息。利用 XML,Web 设计人员不仅能创建文字和图形,还能构建文档类型定义的多层次、相互依存的系统、数据树、元数据、超链接结构和样式表。

2) XML 的主要特点

正是 XML 的特点决定了其卓越的性能表现。XML 作为一种标记语言,它有以下特点:

(1) 简单。XML 经过精心设计,整个规范简单明了,它由若干规则组成,这些规则可用于创建标记语言,并能用一种常称作分析程序的简明程序处理所有新创建的标记语言。XML 能创建一种任何人都能读出和写入的世界语,这种创建世界语的功能叫作统一性功能。例如 XML 创建的标记总是成对出现的,以及依靠称作统一代码的新的编码标准。

(2) 开放。XML 是 SGML,在市场上有许多成熟的软件可用来帮助编写、管理等,开放式标准 XML 的基础是经过验证的标准技术,并针对网络进行最佳化。众多业界顶尖公司与 W3C 的工作群组并肩合作,协助确保交互作业性,支持各式系统和浏览器上的开发人员、作者和使用者,以及改进 XML 标准。XML 解释器可以使用编程的方法来载入一个 XML 文档,当这个文档被载入以后,用户就可以通过 XML 文件对象模型来获取和操纵整个文档的信息,加快了网络运行速度。

(3) 高效且可扩充。支持复用文档片段,使用者可以发明和使用自己的标签,也可与他人共享,可延伸性大,在 XML 中可以定义无限量的一组标注。XML 提供了一个标示结构化资料的架构。一个 XML 组件可以宣告与其相关的资料为零售价,及其营业税、书名、数量或其他任何数据元素。随着世界范围内的许多机构逐渐采用 XML 标准,将会有更多的相关功能出现:一旦锁定资料,便可以使用任何方式通过电缆线传递,并在浏览器中呈现,或者转交到其他应用程序进行进一步的处理。XML 提供了一个独立的运用程序的方法来共享数据，使用 DTD，不同的组中的人就能够使用共同的 DTD 来交换数据。用户的应用程序可以使用这个标准的 DTD 来验证接收到的数据是否有效，用户也可以使用一个 DTD 来验证自己的数据。

（4）国际化。标准国际化且支持世界上大多数文字。这依靠它的统一代码的新的编码标准，这种编码标准支持世界上所有以主要语言编写的混合文本。在 HTML 中，就大多数字处理而言，一个文档一般是用一种特殊语言写成的，无论是英语还是日语、阿拉伯语，如果用户的软件不能阅读特殊语言的字符，那么用户就不能使用该文档。但是能阅读 XML 语言的软件就能顺利处理这些不同语言字符的任意组合。因此，XML 不仅能在不同的计算机系统之间交换信息，还能跨国界和超越不同文化疆界交换信息。

5. XML 在 Web 数据挖掘中的应用

XML 已经成为正式的规范，开发人员能够用 XML 的格式标记和交换数据。在 3 层架构上，XML 为数据处理提供了很好的方法。通过可升级的 3 层模型，XML 可以从现有数据中生成数据，并使用 XML 结构化的数据从商业规范和表现形式中分离信息。数据的集成、发送、处理和显示是下面过程中的每一个步骤：

1）数据集成

促进 XML 应用的是那些用标准的 HTML 无法完成的 Web 应用。这些应用从大的方面讲可以被分成 4 类：需要 Web 客户端在两个或更多异质数据库之间进行通信的应用；试图将大部分处理负载从 Web 服务器转到 Web 客户端的应用；需要 Web 客户端将同样的数据以不同的浏览形式提供给不同的用户的应用；需要智能 Web 代理根据个人用户的需要裁减信息内容的应用。显而易见，这些应用和 Web 的数据挖掘技术有着重要的联系，基于 Web 的数据挖掘必须依靠它们来实现。

2）数据发送

XML 给基于 Web 的应用软件赋予了强大的功能和灵活性，因此它给开发者和用户带来了许多好处。例如进行更有意义的搜索，并且 Web 数据可被 XML 唯一地标识。没有 XML，搜索软件必须了解每个数据库是如何构建的，但这实际上是不可能的，因为每个数据库描述数据的格式几乎都是不同的。由于不同来源数据的集成问题的存在，现在搜索多样的不兼容的数据库实际上是不可能的。XML 能够使不同来源的结构化的数据很容易地结合在一起。软件代理商可以在中间层的服务器上对从后端数据库和其他应用处来的数据进行集成。然后，数据就能被发送到客户或其他服务器进行进一步的集合、处理和分发。XML 的扩展性和灵活性允许它描述不同种类的应用软件中的数据，从描述搜集的 Web 页到数据记录，从而通过多种应用得到数据。同时，由于基于 XML 的数据是自我描述的，数据不需要有内部描述就能被交换和处理，因此，利用 XML，用户可以方便地进行本地计算和处理，XML 格式的数据发送给客户后，客户可以用应用软件解析数据并对数据进行编辑和处理。使用者可以用不同的方法处理数据，而不仅是显示它。XML文档对象模型(Document Object Model,DOM)允许用脚本或其他编程语言处理数据,数据计算不需要回到服务器就能进行。XML可以被利用来分离使用者观看数据的界面,使用简单、灵活、开放的格式,可以给Web创建功能强大的应用软件,而原来这些软件只能建立在高端数据库上。另外,数据发到桌面后,能够用多种方式显示。

3) 数据处理

XML还可以通过以简单、开放、扩展的方式描述结构化的数据,XML补充了HTML,被广泛地用来描述使用者界面。HTML描述数据的外观,而XML描述数据本身。由于数据显示与内容分开,XML定义的数据允许指定不同的显示方式,使数据更合理地表现出来。本地的数据能够以客户配置、使用者选择或其他标准决定的方式动态地表现出来。CSS和XSL为数据的显示提供了公布的机制。通过XML,数据可以粒状地更新。每当一部分数据变化后,不需要重发整个结构化的数据。变化的元素必须从服务器发送给客户,变化的数据不需要刷新整个使用者的界面就能够显示出来。但在目前,只要一条数据变化了,整一页都必须重建。这严重限制了服务器的升级性能。XML也允许加进其他数据,例如预测的温度。加入的信息能够进入存在的页面,不需要浏览器重新发一个新的页面。XML应用于客户需要与不同的数据源进行交互时,数据可能来自不同的数据库,它们都有各自不同的复杂格式。但客户与这些数据库间只通过一种标准语言进行交互,那就是XML。由于XML的自定义性及可扩展性,它足以表达各种类型的数据。客户收到数据后可以进行处理,也可以在不同数据库间进行传递。总之,在这类应用中,XML解决了数据的统一接口问题。但是,与其他的数据传递标准不同的是,XML并没有定义数据文件中数据出现的具体规范,而是在数据中附加Tag来表达数据的逻辑结构和含义。这使XML成为一种程序能自动理解的规范。

4) 数据显示

XML应用于将大量运算负荷分布在客户端,即客户可根据自己的需求选择和制作不同的应用程序以处理数据,而服务器只需发出同一个XML文件。例如按传统的Client/Server工作方式,客户向服务器发出不同的请求,服务器分别予以响应,这不仅加重了服务器本身的负荷,而且网络管理者还需事先调查各种不同的用户需求以做出相应的不同的程序,但假如用户的需求繁杂而多变,那么仍然将所有业务逻辑集中在服务器端是不合适的,因为服务器端的编程人员可能来不及满足众多的应用需求,也来不及跟上需求的变化,双方都很被动。应用XML则将处理数据的主动权交给了客户,服务器所做的只是尽可能完善、准确地将数据封装进XML文件中,正是各取所需,各司其职。XML的自解释性使客户端在收到数据的同时也理解了数据的逻辑结构与含义,从而使广泛、通用的分布式计算成为可能。

XML还被应用于网络代理,以便对所取得的信息进行编辑、增减以适应个人用户的需要。有些客户取得数据并不是为了直接使用,而是为了根据需要组织自己的数据库。

比如,教育部门要建立一个庞大的题库,考试时将题库中的题目取出若干组成试卷,再将试卷封装进 XML 文件,接下来在各个学校让其通过一个过滤器滤掉所有的答案,再发送到各个考生面前,未经过滤的内容可直接送到老师手中,当然考试过后还可以再传送一份答案汇编。此外,XML 文件中还可以包含诸如难度系数、往年错误率等其他相关信息,这样只需几个小程序,同一个 XML 文件便可变成多个文件传送到不同的用户手中。

面向 Web 的数据挖掘是一项复杂的技术,由于 Web 数据挖掘比单个数据仓库的挖掘要复杂得多,因此面向 Web 的数据挖掘成了一个难以解决的问题。而 XML 的出现为解决 Web 数据挖掘的难题带来了机会。由于 XML 能够使不同来源的结构化的数据很容易地结合在一起,因此使搜索多样的不兼容的数据库成为可能,从而为解决 Web 数据挖掘难题带来了希望。XML 的扩展性和灵活性允许 XML 描述不同种类的应用软件中的数据,从而能描述搜集的 Web 页中的数据记录。同时,由于基于 XML 的数据是自我描述的,因此数据不需要有内部描述就能被交换和处理。作为表示结构化数据的一个工业标准,XML 为组织、软件开发者、Web 站点和终端使用者提供了许多有利条件。相信在以后,随着 XML 作为在 Web 上交换数据的一种标准方式的出现,面向 Web 的数据挖掘将会变得非常轻松。

5.2　数据挖掘在 CRM 中的核心作用

企业发展 CRM 的目的有两方面:一是帮助营销人员管理好自己的销售过程;二是从客户数据分析中挖掘服务发展方向。其中后者是重中之重。

面临残酷的市场竞争,所有的企业都在不遗余力地争取新客户。然而,现有老客户也蕴含着巨大的商机。调查发现,大部分企业每年有 20%～50% 的客户都是变动的,而这一数字在技术型公司更甚。一方面在挖空心思争取新客户,另一面却不断失去老客户。要改变这种状况,留住老客户,赢得新客户,企业必须充分挖掘现有客户的潜力。通过对客户的数据挖掘学习老客户,发掘新的目标客户,这也是很多成功企业发展 CRM 的原因。因此,一套完善的 CRM 系统在建设前期就应该认真考虑对数据挖掘的需求。

1. 需求与技术催生数据挖掘

比较常见的分类,CRM 被分为分析型、运营型、协作型,但无论哪一种,实现对客户活灵活现的了解都是最终目标,因而数据挖掘处于 CRM 系统的核心地位。

数据挖掘是提取有用信息的"数据产生"过程,是从大量数据中挖掘出隐含的、先前未知的、对决策有潜在价值的知识和规则,并能够根据已有的信息对未发生行为做出结果预测,为企业经营决策、市场策划提供依据。

数据挖掘的产生从企业需求方面讲,CRM 上线后,运营特性最先显现出来,公司日常所有的营销业务都可以流程化和自动化地管理起来,随后客户信息的日趋复杂,客户数据的大量积累,仅限于营销流程的管理已经难以满足企业进一步的需要,企业家期待CRM扮演更重要的角色,分析大量复杂的客户数据,挖掘客户价值。因此,CRM数据应该适应多种分析需求。

2. 没有认真的客户分析,企业在市场上只能盲目探索

客户特征多维分析:挖掘客户个性需求,客户属性描述要包括地址、年龄、性别、收入、职业、教育程度等多个字段,可以进行多维的组合型分析,并快速给出符合条件的客户名单和数量。

客户行为分析:结合客户信息对某一客户群的消费行为进行分析。针对不同的消费行为及其变化,制定个性化营销策略,并从中筛选出"黄金客户"。

客户关注点分析:客户接触与客户服务的分析。

客户忠诚度分析:对客户持久性、牢固性及稳定性进行分析。

销售分析与销售预期:包括按产品、促销效果、销售渠道、销售方式等进行的分析。同时,分析不同客户对企业效益的不同影响,分析客户行为对企业收益的影响,使企业与客户的关系及企业利润得到最优化。

参数调整:为了提高分析结果的灵活度,扩大其适用范围,企业需要对有关参数进行调整。例如,价格的变化对收入会有什么样的影响,客户的消费点临近什么值开始成为"正利润"客户。企业需要通过对收集到的各种信息进行整理和分析,利用科学的方法做出各种决策。

此外,信息技术的发展对数据挖掘的产生做出了很大贡献。在IDC的调研报告中,2021年数据仓库全球市场规模达到700亿美元,数据仓库是一种面向决策主题、由多数据源集成、拥有当前及历史终结数据的数据库系统。它是一个中央存储系统,可以帮助企业员工回答来自客户的业务问题。

在CRM中,数据仓库将海量复杂的客户行为数据集中起来,建立一个整合的、结构化的数据模型,在此基础上对数据进行标准化、抽象化、规范化分类、分析,为企业管理层提供及时的决策信息,为企业业务部门提供有效的反馈数据。现在,NCR、IBM、Oracle等厂商都在数据仓库领域有所建树,一些预见性的模型和解决方案已经被建立起来,数据仓库已不仅是简单的数据存储,而成为对客户资料进行分析,挖掘客户潜力的基石。

3. 客户分析的3个阶段

客户分析过程包括3个阶段:客户行为分析、重点客户发现和效能评估。首先,将客户行为数据(反馈)和效能评估的结果集中起来进行客户行为分析,通过对重点客户的挖掘,为制定市场策略提供依据;其次,把对客户行为的分析结果以报表形式传递给市场专家,市场专家利用这些分析结果制定准确、有效的市场策略;最后,以客户所提供的市场反馈为基础，再一次进行效能评估，为改进服务和 CRM 本身提供依据。

1) 客户行为分析

包括行为分组、客户理解和客户组之间的交叉分析 3 个步骤。行为分组是关键，行为分组的分析结果使后两个步骤更加容易。

行为分组：根据不同的客户行为划分为不同的群体，各个群体有着明显的行为特征。通过分组可以更好地理解客户，发现群体客户的行为规律。分析过程中把一次市场活动后得到的客户反馈叫作"反应行为模式"，和手工销售体系中采用的"二元客户反应模式"不同，CRM 采用的"分类反应行为模式"允许定义多种反应行为。定义反应行为的方法取决于企业所从事的商业领域。例如企业主营业务是服装销售，一种反应行为可以定义为"从产品目录中选购了女式服装"，也可定义为"从产品目录中选购了男式服装"。这些行为模式的定义可以根据需要非常具体（例如，购买了一件红色的男式马球牌衬衫）。

2) 全面正确的客户行为分析，将使自己与客户建立"亲密"的营销关系

客户理解：其目标是将客户在行为上的共性与已知资料结合起来，对客户进行具体分析：哪些客户具有这样的购买行为？客户分布地区是哪里？此类客户给企业带来多少利润？忠诚如何？客户拥有企业的哪些产品？客户购买高峰期是什么时候？完成了这些客户理解，将为企业在确定市场活动的时间、地点、对象等方面提供确凿的依据。

组间交叉分析：客户组间交叉分析对企业来说也很重要，许多客户同属于两个不同的行为分组，且这两个分组对企业的影响相差很大。在企业中有"购买新款商品"和"购买 50 元以下商品"这两个行为分组。企业会认为第一个分组对企业的收益影响大，因为希望通过新款商品来扩大市场，而第二个分组对企业的收益影响小。此时，如果客户同属两个分组，我们就需要充分分析客户发生这种现象的原因。组间交叉分析为我们提供了解决方案，企业可以了解：哪些客户能够从一个行为分组跃进到另一个行为分组中；行为分组之间的主要差别；客户从一个对企业价值较小的组上升到对企业有较大价值的组的条件是什么。这些分析可以帮助企业准确地制定市场策略，以获得更多的利润。

4. 重点客户发现

CRM 理论经典的 2/8 原则，即 80% 的利润来自 20% 的客户，重点客户发现主要应考虑以下方面：潜在客户（有价值的新客户）、交叉销售（交叉销售指企业向老客户提供新产品、新服务的营销过程）、增量销售（更多地使用同一种产品或服务）、客户保持（保持客户的忠诚度）。

假设你是一个银行的市场经理，想向现有的客户推销房屋抵押贷款和信用金卡这两个新产品以进行交叉销售。CRM 进行交叉销售时，需要进行以下 3 个步骤。

(1) 数据收集：从数据仓库中收集与客户有关的所有信息，包括客户个人信息（年龄、收入）、交易记录（最近的收支情况、消费次数和信用等级）等。

(2) 进行建模：用数据挖掘的一些算法（如统计回归、逻辑回归、决策树、神经网络

等)对数据进行分析,产生一些数学公式,用来对客户将来的行为进行预测分析。

(3)对数据进行评分:评分过程就是计算数学模型的结果。

5.效能评估

根据客户行为分析,企业可以更准确地制定市场策略和策划市场活动。然而,这些市场活动能否达到预定的目标是改进市场策略和评价客户行为分组性能的重要指标。因此,CRM 必须对行为分析和市场策略进行评估。这些效能评估都是以客户所提供的市场反馈为基础的。针对每个市场目标设计一系列评估模板,从而使企业能够及时跟踪市场的变化。同时在这些报告中,给出一些统计指标来度量市场活动的效率,这些报告应该按月份更新,并根据市场活动而改变。在一定的时间范围内(3~6 个月)给出行为分组的报告。

5.3 数据挖掘在电信业中的应用

以杭州电信市场为例,1999 年,杭州电信开始着手数据仓库的建设,当时的主要目的是产生一些常规的统计报表。2005 年初,数据仓库的工作目标有所改变,真正开始利用数据仓库技术来进行专题分析,以帮助企业进行经营决策。经过比较,杭州电信选择了 CA 公司的数据仓库解决方案,包括 CA 的 Advantage Data Transformer 和 CleverPath OLAP。Advantage Data Transformer 具有强大的跨系统收集数据的能力,可以帮助杭州电信创建数据仓库,自动收集来自操作系统、网络管理系统和客户服务系统等不同业务系统的数据,并将其存储在数据仓库内。CleverPath OLAP 提供多种 OLAP(联机分析处理)数据分析功能,包括多维数据分析、比较分析、百分比分析等,分析结果可以转换成 Excel 形式的电子数据表格或真实图表的形式。终端用户还可直接从 OLAP 服务器端或 Web 客户机进行互动的数据分析。

杭州电信之所以选择 CA 数据仓库软件,是因为它具有两大优点:一是数据抽取、清洗、转换和展现一体化;二是在数据展现方面,报表的显示内容和形式可以动态改变,比一般报表更为灵活,可以分析,比一般报表更为深入。

杭州电信的经验表明,建立数据仓库需要注意几点:在企业级的数据共享和应用系统过程中,尤其重要的是企业数据标准的建立;将决策问题转换为分析主题;避免"一次实施,终身受益"的想法,要在实践中不断丰富和完善,不断增加新的分析主题。

1.主题分析实例

数据仓库建成以后,杭州电信就可以根据决策支持的要求开展主题分析。目前,杭州电信开展了以下九大主题的分析。

(1)营业受理及竣工情况分析:一是按不同业务分类统计受理及竣工情况;二是按

受理部门分类统计受理及竣工情况。根据营业受理情况调整人员配置，"九七"系统营业受理日志表中包含每一笔业务的营业员所属部门，因此可以根据各部门受理数来合理安排各营业部门的营业员配置。

（2）长话详单分析：一是分析长话话务量在时间上的分布情况；二是分析每次通话的时长分布情况；三是分析每次通话的话费分布情况。

（3）小灵通详单分析：一是分析小灵通话务量在时间上的分布情况；二是分析每次通话的时长分布情况。

（4）用户话费分析：从用户的角度，可按用户类别和话费类别在不同话费区段的用户数分布情况进行分析，也可按用户类别和话费类别的用户话费统计及时间对比进行分析；从运营商的角度，可按互联网拨号服务市场份额进行分析，也可以通过比较历史话费变化和用户类别比例进行分析，从而可以得到目前 IP 长话市场的运营状况。

（5）大客户情况综合分析：分析大客户每月电信消费情况及时间对比，分析大客户的行业分布，分析大客户租用电信资源情况。

（6）用户欠费情况分析：一是分析用户欠费时间分布情况；二是分析欠费用户的年龄和性别构成；三是分析欠费用户性质、种类、身份分布。

（7）201 电信业务（类似于 IP 电话）分析：分析 201 通话量分校区分布情况；分析 201 通信量方面，电话与上网费用的比率关系；分析 201 通信量中国电信和其他运营商占有率情况。

（8）程控功能分析：分析电话用户选用的程控功能情况。

（9）行业分布分析：分析电信手机用户及 163 网易用户的行业分布情况。

2. 基础数据是关键

尽管杭州电信目前已经做了很多主题的分析，但是可以做的分析还有很多。客户的属性分析可分为两大类：一类是客户的电信消费属性；另一类是客户的社会学属性。

一般来讲，客户的电信消费属性在电信运营商的系统上是较为完整的，可以从客户打电话/上网的通信记录、客户的账务记录、客户的反馈记录中得到，运营商只要从客户的所有电信消费角度进行整理，就可以得到其电信消费属性。目前杭州电信所做的分析大多是基于电信消费属性的分析。基于客户的社会学属性的分析，对电信企业的经营决策很有价值，但很难做到，主要原因是基础数据缺乏。决策分析需要的客户社会学属性包括地理因素、人口因素、心理因素、行为因素等。

这些因素的分析对电信运营商的市场营销决策有着重要的作用，但是需要补充客户的社会属性数据。目前，电信运营商解决这个问题的办法主要有两个：一是对客户进行普查，其工作量和难度相当大；二是通过积分奖励等措施搜集部分高消费客户的社会属性资料。

3. 基础信息系统

杭州电信现有的信息系统主要包括5部分:"九七"营业受理系统,它是电信"九七"工程的产物,它的功能包括营业受理、配线配号、号线维护、客户信息等;交换、传输及网管系统,负责产生通话详单、统计接通率、汇总管线资源等;计费账务系统,负责搜集计费数据、产生用户账单、统计欠费情况等;客户服务系统,负责处理114、112、180、189等特服号所提供的服务内容;财务及统计系统,这一部分与大多数单位相似。

从电信业现有系统所涵盖的业务流程来看,在市场需求分析和用户反馈两个环节方面是比较薄弱的。也就是说,一般电信运营商缺乏对客户需求的科学分析,在开展新业务时可能会冒很大的风险。

从客户关系管理的观念来看,客户信息是企业的宝贵资源。电信行业从垄断向逐步开放的进程演化时,在不断探索新的业务增长点的同时,电信公司的首要任务是争取客户并且提高客户的忠诚度。因此,信息系统必须以客户为中心,了解不同客户的不同消费模式,针对不同的用户采取不同的策略,以达到个性化服务的目标。

数据仓库的应用重点是从现有信息系统中提取有用的客户信息,辅助决策行为。

5.4 数据挖掘在风险评估中的应用

保险是一项风险业务,保险公司的一个重要工作就是进行风险评估,即对不同风险领域的鉴定和分析。风险评估对保险公司的正常运作起着至关重要的作用,保费和保单的设计都需要比较详细的风险分析。下面是一个利用KDD方法进行风险分析的实例,它从过去的保单及其索赔信息出发,利用决策树的方法寻找保单中风险较大的领域,从而得出一些实用的风险规则,对保险公司的工作起到指导作用。

评估一项保险投资组合的效果如何,既需要对该投资组合进行整体分析,又需要进行投资组合内部的分析。通过整体分析可以判断以前的投资组合是否盈利,而通过投资组合内部的详细分析可以揭示该投资组合在哪些领域盈利大,而在哪些领域损失大。投资组合内部的分析对一个保险公司来说是很重要的,因为它对于该公司是否既能保持很高的竞争力,又能保持高盈利起着很重要的作用。如果一个公司不知道其投资组合中的哪一部分存在大的风险,那么,尽管这项投资组合目前是盈利的,但要维持下去却是很难的。

投资组合的整体分析可以在总保费和总索赔的基础之上用统计的方法来实现,而对其内部的分析则需要更复杂、更精确的方法。

进行投资组合内部分析的一般方法是将该投资组合划分成一些小的风险领域,这些风险领域由一系列的风险等级来表示,风险等级则由意外事故表列出。这种分析方法将每一个风险等级因素与索赔频率和索赔金额的关系用一个模型来表示，模型的参数用过去已有的数据（保单索赔等）来估算。参数确定后，就可以用该模型预测将来在不同的风险等级参数下的索赔频率和索赔金额。由于分析的复杂性，因此这种方法只能考虑几个参数，如索赔频率、索赔金额等。

使用这种方法，必须明确风险等级参数。如果是一个连续的参数，就需要将其划分成若干个等级。在分析详细程度和模型的可行性两方面应达到一种平衡，而且参数之间的相互作用处理起来很困难，因此也被忽略了。在参数多、多值变量多的情况下，这种相互作用是很多的。

风险分析还有其他一些方法，它们大都用在保险统计领域中。Siebes 将这一问题引入数据挖掘领域，利用概率论的方法对风险领域进行研究，将每年的保险赔偿看成是 Bernoulli 实验。这项工作导致了保险投资组合类别的相等概率及同一描述思想的发展。

在本书中，我们将保险风险分析中一些反复的、交互式的、探索性的工作看成是一种 KDD 过程，利用一些正规的分析方法，来获得这一领域中专家所具有的直觉知识。

一个保险公司投资组合数据库包含用户购买的保单集合。一个保单确保一个标定物的价值不会失去。当标定物遭到损失或丢失时，要根据保单进行索赔，以此作为补偿。一个保单在一定的时间内有效，其有效时间被称为风险期。在任一时间，投资组合数据库中的保单所对应的风险都是不同的。

保险公司成功的一个关键因素是在设置具有竞争力的保费和覆盖风险之间选择一种平衡。保险市场竞争激烈，设置过高的保费意味着失去市场，而保费过低又会影响公司的盈利。保费通常是通过对一些主要的因素（如驾驶员的年龄、车辆的类型等）进行多种分析和直觉判断来确定的。由于投资组合的数量很大，因此分析方法常常是粗略的。

一项投资组合的绩效通常用前些年的数据来评估。这种分析一般由承保人用来预测将来这项投资组合的绩效，并根据市场的变化和标定物的情况来调整保单等级结果。每年都要用这种分析来调整来年保费的设置规则。

设置保费有两种极端情况：一是所有保单都采用同一保费；二是每一保单根据具体情况单独设置保费。这两种极端情况都是不实用的。然而，一个好的保费设置应该是接近后者的。保险商比较喜欢在设置保费时考虑更多的因素。

数据挖掘提供了进行保险投资组合数据库分析的环境。ACSys 数据挖掘系统（Williams & Huang,1996）提供了风险分析框架。该系统将决策树作为知识发现算法。决策树是利用信息论中的互信息（信息增益）寻找数据库中具有最大信息量的字段，建立决策树的一个节点，再根据字段的不同取值建立树的分支，在每个分支子集中重复建立树的下层节点和分支过程，直到生成一个完整的决策树。决策树的实现需要包含以下 3 个阶段。

1. 树的生长阶段

通常在一并行体系结构中实现分类-克服策略,在一组训练例的基础上建立一个完整的决策树。

2. 树的评估阶段

利用测试例集合来评价生成的树。在这一阶段,需要对树进行适当的修剪,并选取不同的测试例集合对树的性能进行测试并进行修剪。

3. 树的应用阶段

将最后生成的树应用于未知的数据。

为进行风险分析,选取索赔金额作为目标属性,其他属性作为独立变量。所有保单被划分为两类,即有索赔的和无索赔的,将索赔金重新分类为 1 或 0,而后利用数据集合来生成一个完整的决策树。

从生成的决策树中可以建立一个规则基。一个规则基包含一组规则,每一条规则对应决策树的一条不同路径,这条路径代表它经过节点所表示的条件的一条连接。一条规则例子如下:

If

年龄< = 20

and 性别 = 男性

and 保险金额> = 5000

and 保险金额< 10000

Then 保险声明 = 1, cost = 0, (0, 15)

这条规则表明在给定的条件下,一个保单被索赔。

Graham J. Williams 和 Zhexue Huang 等利用 ACSys 对 NRMA 保险公司的投资组合数据库进行了分析,得到了一些有用的规则,并在此基础上分析了一些其他公司的数据,对已有规则进行了拓宽。通过生成树中那些带索赔的叶节点,可对一些风险的重要领域进行研究。叶节点的索赔频率和索赔额提供了重要的信息,通过生成树还可得到一些其他信息,如与风险领域相关的所有保费等。

5.5　数据挖掘在通信网络警报处理中的应用

一个通信网络可以看成是由互相连接的部件组成的,如交换器、传输设备等。每个部件又包含一些子部件。分析的层次不同,部件的数目也不相同。一般来说,一个局域电话网包含 10～1000 个部件。

在通信网络的运行过程中，网络中的每个（子）部件和软件模块都可能产生警报，这些警报描述了某些异常情况的发生，它们所指示的问题对用户来讲不一定是可见的。一个网络所发出的警报数目是相当可观的，甚至在一个小的局部通信网络中，也可能存在成千上万个不同类型的警报。警报数目可能因网络的不同、时间条件的变化而有很大差别，但通常情况下，对一个一般的通信网络，每天可能产生 200～10 000 个警报。

通信网络管理系统操作维护中心接收网络中各节点发来的警报，并将这些警报信息存储在一个警报数据库中。对这些警报的处理有多种形式，可以简单地将它们忽略，但更重要的是将这些警报提示给网络管理员，由管理员来决定怎么处理。

不同时间发生的警报组成一个警报流。处理警报流是一项十分困难的工作，主要有以下原因：

（1）对于一个大型的通信网络来说，每天产生的警报类型和数量都是相当可观的，这表明在网络中所发生的异常情况种类繁多、数量巨大。

（2）警报具有突发性。也就是说，在很短的时间内可能产生很多警报信息，网络管理员很难在这么短的时间内处理如此多的警报，然而，警报的突发又说明可能发生了重大的故障，网络管理员必须进行处理。

（3）通信网络中的软硬件更新换代很快，当加入新的节点或更新旧的节点时，警报序列的特点也随之发生改变，而网络管理员要跟上这些改变是相当困难的。

人们为了解决处理警报信息的问题，采用警报过滤和关联技术，以提高提交信息的抽象级别，从而减少提交给网络管理员的警报信息的数量。

（1）警报过滤是指在分层网络中的每一层都对下层节点发来的警报进行过滤，即一个节点只发送从子节点收到的部分警报。

（2）警报关联是指对警报进行合并和转换，将多个警报合并成一条具有更多信息量的警报，这样可以通过发送一条警报来代替多条警报。

警报过滤和警报关联需要存储关于警报序列的知识，这些知识从原则上讲可以取自设计单个部件的工程师或有操作经验的工程师。然而，这一过程相当烦琐。警报过滤和警报关联可以用来减少提交给网络管理员的警报数量，然而，它们却不能对网络的行为做出有效的预测，从而避免重大故障的发生。网络中的故障通常出现在网络中部件间的连接上，它们的预测是一件相当困难的事，而这种预测却可带来相当可观的经济效益。

芬兰赫尔辛基大学计算机科学系的 K. Hatonen 等开发了一个基于通信网络中警报数据库的知识发现系统 TASA(Telecommunication Alarm Sequence Analyzer)。该系统是与一个通信设备生产厂商及 3 个电话经营商（两个固定城市电话网和一个国家范围的移动通信网）合作开发的，其目的是寻找有助于处理警报序列的规则，这些规则用来过滤、转换警报,并用来预测故障。

TASA 系统将一个警报表示成一个三元组(c,a,t),其中 c 表示发送这一警报的部件,a 是警报类型,t 是警报发生的时间。然后,利用统计方法,从一个警报序列中寻找某一情节发生的概率。

TASA 系统在警报流中计算那些经常发生的情节,根据这些情节提取有用的规律。

从一个警报序列中可以发现不同类型的知识,如神经网络、风险模型或基于规则的知识。

如果最终目的是获得好的预测性能,神经网络便是很好的选择。许多证据表明,神经网络在预测方面有很好的适用性,它将知识以连接权的形式来表示,不易理解,然而,在通信网络警报处理中,其中一个重要目的就是发现可理解的知识,通信厂商不想在他们的系统中安装任何"黑盒子"之类的东西,因此,这就排除了应用神经网络这种简单的想法。

TASA 系统知识发现中所采用的是基于规则的形式,一个一般的规则形式如下:"如果某一警报组合在一段时间内发生,那么,在给定的时间间隔内,某一类型的警报可能发生"。之所以选取这种类型的知识,是考虑到如下几条原因。

- 可理解性:这类知识易于被人们理解。当前处理警报序列的操作员喜欢用这种类型来表达他们关于警报的知识。

- 应用领域的特点:这类规则是这一领域中简单因果关系的表达,可以证明这类知识适用于通信网络。

- 存在有效算法:这种类型的规则当前有比较有效的算法来获取。

在几个 TASA 系统中发现的规则类型的例子如下:

(1) 如果 A 类型警报发生,那么,在 30 秒内,B 类型警报发生的概率为 80%。

(2) 如果 A 类型和 B 类型警报在 5 秒内发生,那么,在 60 秒内,C 类型警报发生的概率为 70%。

(3) 如果 A 类型警报在一 B 类型警报之前发生,C 类型警报发生于 D 类型警报之前,而且都在 15 秒的范围内,那么,E 类型警报在接下来的 4 分钟内发生的概率为 60%。

对于发现的规则,TASA 系统还提供了一些比较好的工具来对规则进行后处理,其中有规则的剪辑、定制、组合等,使这些规则更便于应用。

TASA 系统的第一个版本已经通过实际警报数据的测试,结果比较好,一部分通过 TASA 发现的规则正在被一些网络开发商用于产品开发中。

在市场金融方面,Integral Solution 为 BBC 开发了采用神经网络和归纳规则方法预测收视率的发现系统;在零售业,数据挖掘主要应用于销售预测、库存需求、零售点选择和价格分析,例如用自然语言和商用图表分析超市销售数据的 Spotlight 系统,及扩展到其他市场领域的 Opportunity Explorer 系统;在医疗保健方面,由 GTE 开发的 KEFIR

数据挖掘系统用于分析健康数据,确定偏差,并通过 Web 浏览器以超文本形式输出结果;在科学研究方面,SKICAT 系统能对宇宙图像数据进行分类,Quakfinder 利用卫星采集的数据监测地壳活动,HMMs 和 SAM 用于发现和构造生物模型;在司法方面,可用数据挖掘技术进行案件调查、诈骗监测、洗钱认证、犯罪组织分析,如美国财政部开发的FAIS 系统;在制造业上,可利用数据挖掘技术进行零部件的故障诊断、资源优化、生产过程分析等。

在统计和机器学习领域中还有许多数据挖掘系统。另外,将数据仓库、OLTP、OLAP 和数据挖掘技术结合是近期数据库发展的一个趋势。数据仓库和数据挖掘都可以完成对决策技术的支持,相互间有一定的内在联系,两者集成可以有效地提高系统的决策支持能力。例如瑞典保险系统由 OLTP 系统、数据仓库、数据挖掘环境 3 部分构成。建立在 Oracle 数据库基础上的 MASY 数据仓库从多个 OLTP 信息源收集相关数据。由多种数据挖掘工具(Expla、RDT、C45 等)构成的数据挖掘环境提供动态数据分析,使用户尽可能不依赖数据挖掘专家执行多种类型的数据挖掘任务。

数据挖掘在数据库之外的其他领域也有丰硕的成果,例如统计学中已发展了许多用于数据挖掘的技术,演绎逻辑编程作为逻辑编程的一个迅速发展的分支,与数据挖掘有密切联系。

5.6 数据挖掘在交通领域的应用

大数据和数据挖掘技术的发展为解决交通中存在的问题带来了新的思路。大数据可以缓解交通堵塞,改善交通服务,促进智能交通系统更好、更快地发展。

在目前的技术条件和发展水平下,大数据在交通中的应用主要有以下几种方式:

(1)由于公共交通部门发行的一卡通大量使用,因此积累了乘客出行的海量数据,这也是大数据的一种,由此,公交部门会计算出分时段、分路段、分人群的交通出行参数,甚至可以创建公共交通模型,有针对性地采取措施,提前制定各种情况下的应对预案,科学地分配运力。

(2)交通管理部门在道路上预埋或预设物联网传感器,实时收集车流量、客流量信息,结合各种道路监控设施及交警指挥控制系统数据,由此形成智慧交通管理系统,有利于交通管理部门提高道路管理能力,制定疏散和管制措施预案,提前预警和疏导交通。

(3)通过卫星地图数据对城市道路的交通情况进行分析,得到道路交通的实时数据,这些数据可以供交通管理部门使用,也可以发布在各种数字终端供出行人员参考,来决定自己的行车路线和道路规划。

(4)出租车是城市道路的最多使用者,可以通过其车载终端或数据采集系统提供的实时数据,随时了解几乎全部主要道路的交通路况,而长期积累下的这类数据就形成了城市区域内交通的"热力图",进而能够分析得出什么时段的哪些地段拥堵严重,为出行提供参考。

（5）智能手机已经很普及,多数智能手机都会使用地图应用,于是始终打开 GPS 或北斗定位系统,地图提供商将收集到的这些数据进行大数据分析,由此就可以分析出实时的道路交通拥堵状况、出行流动趋势或特定区域的人员聚集程度,这些数据公布之后会给出行提供参考。

公共交通是指城市范围内定线经营的公共汽车及轨道交通、渡轮、索道等交通方式,这些交通工具都是按照时间点发车,资源配置不合理就会导致等车时间长、乘坐拥挤、挤不上等一系列的问题。大数据技术可以实现资源的合理配置,通过站点实时客流量检测,合理分配公共资源,提高资源利用效率。此外,乘客可以通过手机 App,实时查询公交车的行驶状况、车内客流情况供乘客参考,及时更改乘坐计划,避免出现盲目等车的状况。公共交通是缓解交通拥堵的一种有效手段,完善公共交通服务质量,让市民真切地感受到公共交通带来的便利,是市民选择公共交通出行的先决条件。

随着国民经济的持续增长,交通需求越来越大,交通事故数量居高不下,道路交通安全成为全社会普遍关注的问题,减少道路交通事故的发生,提高道路交通、安全水平已经成为人们的迫切要求。

在道路交通系统中,因驾驶员的素质、车辆的安全性能、环境、道路及气候等因素的不良变化,导致这种因素组合恶化,如果这种恶化因素持续发生,就可能导致交通事故的发生。大数据的实时性及可预测性保证了交通系统对事故的主动预警,以便提前预测事故发生的可能性。例如,通过 GPS 定位技术采集车辆行驶轨迹,判断车辆是否正常行驶,若出现非正常行驶,则及时通过交通部门对车辆进行管制,通过道路环境及设施检测系统,实时采集道路环境及道路设施信息,经过云计算分析处理大数据后,及时通过交通广播发布或者通过手机短信将信息推送给附近行驶的车辆,通过大数据技术及时分析恶劣天气环境下的道路状况,减少雨天、大雾、雪天连环撞车发生的概率。

将大数据应用到应急救援系统中,可以更加准确地定位事故地点,快速通过医护及消防救援,并且可以通过大数据技术推送事故发生信息给附近行驶的车辆,让其做好让救援车队顺利通过的准备,并告知驾驶员备选路径,以便于驾驶员改变行驶路径。

大数据在交通上的应用还有一个常见的场景。随着人们生活水平的提高,道路上的机动车越来越多。套牌机动车的数量也随之增多,由于套牌机动车发现难度大,检测难度高,有许多套牌机动车并没有被发现,严重影响了道路交通安全秩序,例如随意的闯红灯、超速、跨越双实线、乱停、乱放,给人们的安全出行带来了很大的隐患,也为肇事逃逸案件的侦破增加了难度。通过大数据,可以解决套牌机动车问题,在解决交通拥挤等问题上有很大的优势。

随着车辆的增多,停车难已成为人们非常关注的问题。解决停车难问题是治理交通拥堵工作的一部分，把大数据应用到智能交通系统中，可以通过主动式的方式向用户推送相关交通服务信息。例如利用电子车牌GPS定位技术获取车辆停靠位置及停靠时间信息，出现违规停靠的情况向车主手机推送相关违规信息，让其及时把车开走，这样可以缓解道路车辆乱停靠带来的交通堵塞。通过停车诱导系统获取车辆所在位置和附近一定区域内的停车场信息，预测到达停车场的时间，通过手机短信或者手机App的方式及时向车主推送附近停车场的信息，车主可以主动地选择停车场或者提前预订车位。

为避免乘坐高铁误点，乘客往往要提前好几个小时就往火车站赶，赶火车花费的时间甚至要比乘坐高铁的时间多出许多。把大数据技术应用到交通中，出租车公司可以联合高铁运输部门获取乘客的信息，例如手机号及乘车时间。出租车公司可以与交通信息中心联合获取出行前和出行后的交通信息，通过大数据处理技术预测从出发点到火车站的时间t，向乘客推送路径、用时、乘车方式等信息，乘客若要乘坐出租车，则可以在合适的时间通过手机GPS定位技术获取出发地点及附近的出租车信息，通过实时交通信息服务，出租车司机选择最优路径，以最快的速度到达火车站，这样可以节约乘客大部分的时间。

应用大数据创建智慧城市的典型代表是杭州市。

理性的数据建模分析告诉我们：一个城市，如果把车和车、车和道路充分链接到位的话，从理论上来说，可以提升这个城市道路通行能力的270%。在实践的层面上，在城市化快速推进的过程中，如何避免各方面"城市病"发生"共振"，从而导致系统性城市运行风险爆发，是城市管理者应当高度关注的问题。

杭州国际城市学研究中心设立的"西湖城市学金奖"奖项，面向民间领域征集破解"城市病"之道。2012年，第二届"西湖城市学金奖"中"城市交通问题"征集成果《缓解城市交通拥堵问题100计》中，被杭州市交警局采纳并运用到实践中的点子比例高达40%。杭州市交警局局长乐华说，交警局是"西湖城市学金奖"城市交通问题征集评选活动中最大的受益者。杭州的错峰限行、分区域停车费收费新政、西湖环线交通、地铁换乘优惠等交通举措都是源于"西湖城市学金奖"的金点子。

在基于大数据的智能交通应用方面，杭州国际城市学研究中心主办的"西湖城市学金奖"征集活动中也有这样的点子并已经投入使用。在第一版"杭州公共出行"应用获选西湖城市学金奖金点子后，安卓用户下载使用量达到10 000余次。2020年3月，应用升级，在原有基础上增加了实时公交、地铁信息查询、检索功能，覆盖城市公共交通出行大范畴，并在微信平台上设服务号，通过发送关键词推送查询信息，方便除安卓系统之外的智能手机用户。

发展城市轨道交通对于解决大都市交通问题是很好的解决方案，在有效缓解城市交通的同时，也会对城市形态的发展起到积极的引导作用。在目前的形势下，发展城市轨道交通还能够在短时间内拉动固定资产投资，促进经济平稳、较快地发展。但发展城市轨道交通投资巨大,建设一千米的地铁线路需要投资近4亿元人民币,因此被称为"天价工程",其盈利模式也是世界性难题,因此对在哪些城市建设轨道交通、建设的规模有多大等重大问题,始终没有公认的判定标准。一般认为城市轨道交通建设只有与城市的发展协调同步才能取得良好的社会、经济效益,但如何界定轨道交通与城市发展的协调程度需要有科学的评价方法,基于此种考虑,城市轨道交通需与城市发展相互协调,对轨道交通与城市协调性进行定性分析,为城市轨道交通建设规模、建设时机提供决策支持。

轨道交通和城市发展协调性评价涉及社会、人口、经济、城市综合交通等各方面,包含众多因子,依照科学性、客观性、可比性和动态性原则,同时考虑各方面因素和资料占有的可能选取指标。

1. 轨道交通状况评价指标

可选取3个方面共6个原始指标评价城市轨道交通的发展状况:

(1) 表示城市轨道交通网发展规模和发展水平的指标 $A1$,包括两个子指标:轨道交通网线路长度($X1$,千米)和投入的运营车辆数量($X2$,节)。

(2) 表示城市轨道交通系统运营状况的指标 $A2$,包括两个子指标:轨道交通系统客运总量($X3$,万人)和运营车辆行驶总里程($X4$,千米节)。

(3) 表示城市轨道交通系统经营管理状况的指标 $A3$,包括两个子指标:轨道交通系统利润($X5$,万元)和轨道交通系统从业人数($X6$,人次)。

2. 城市发展状况评价指标

可选取4个方面共18个原始指标评价该城市的发展状况:

(1) 人口子系统的总量及结构($B1$),包括3个指标:城市人口总量($Y1$,万人)、非农业人口总量($Y2$,万人)和从业人口总量($Y3$,万人)。

(2) 经济子系统的总量及结构($B2$),包括5个指标:国民生产总值($Y4$,亿元)、第一产业生产总量($Y5$,亿元)、第二产业生产总量($Y6$,亿元)、第三产业生产总量($Y7$,亿元)和城市财政收入($Y8$,亿元)。

(3) 城市居民生活状况($B3$),包括5个指标:城市消费价格指数($Y9$)、城镇居民人均住宅面积($Y10$,平方米)、城镇居民人均可支配收入($Y11$,元)、失业率($Y12$,%)和城市市政建设投入($Y13$,亿元)。

(4) 城市公共交通状况($B4$),包括5个指标:城市交通投入($Y14$,亿元)、城市人均道路长度($Y15$,千米/人)、城市人均道路面积($Y16$,平方千米/人)、居民万人公交车拥有量($Y17$,辆/万人)和公交客运总量($Y18$,万人次)。

3. 具体应用

以A地铁运行为例,在进行设备运维管理的过程中,大数据信息挖掘技术手段在智能"轨道"交通系统中应用,服务于轨道交通设备的运维管控,动态化对智能"轨道"交通系统中的各项设备运行情况进行数据信息管控采集，对获取的数据信息之间的因果关系进行把控，从而总结出对维保管理工作具备价值的数据信息。在实施轨道交通维保工作时，非常注重数据信息收集和数据信息挖掘，在分析各项数据信息的基础上，获取具备更高价值的维保数据信息。例如，对于车辆管理维护来说，若车辆存在既往故障数据，则可以在大数据信息挖掘的过程中，有针对性地对车辆故障历史情况进行分析，提前预测车辆各项设备的失稳潜在隐患，有序完成潜在故障设备的更换，确保列车运行的安全性和稳定性。在数据库对比分析环节，可以借助数据信息分析的形式，确定故障问题并且消除故障表现，对 A 地铁的运行安全奠定扎实的基础保障。

1）分析交通设备的用电量消耗

对于 A 地铁运行单位来说，借助大数据信息分析技术手段，对 A 地铁 2020 年 2 月至 3 月的用电消耗情况进行了数据采集和分析，采集的数据信息显示比前一年 2 月至 3 月明显少很多。

2）分析交通工具的舒适度

对于 A 地铁运营的实际情况来说，以列车稳定性数据来作为评判交通工具舒适性的重要评价因素。借助每月抽查的方式，对 A 地铁运营的舒适度进行分析，发现 2021 年开始，A 地铁运营从横纵方向上有所提速，同时整体舒适度有所降低。对 A 地铁在 2021 年 7 月 17 日和 21 日的运行情况进行分析，均存在增速稳定性问题。通过对交通工具开展调试和管理，以及大数据信息对比来看，因为 7 月正值学生们的放假季、旅游季，所以乘车人数相对较多，导致该时段的列车交通运行稳定性有所降低，这也是 2021 年 7 月 A 地铁运营舒适度降低的主要原因之一。

3）分析交通工具的维保模式

结合 A 地铁运营设备维保工作模式的实际情况来看，主要存在以下几种模式：

（1）事后维修。对于事后维修来说，便是在轨道交通运行环节出现实际故障问题之后，构建出故障报修、维修派单、维修方案校准、维修品质验收、维修成本统筹等诸多管理程序。从实施事后维修环节来说，需要首先统筹维保工作资源，实现设备故障问题检修和处理。由列车员对列车设备故障进行报修申请，对故障设备、故障问题进行有效检测，并且形成维保派单，有效执行列车检修的各项程序。在设备维修完毕之后，由大数据系统进行质量检验分析，确保列车各项设备运行稳定、运行安全之后，才能完成验收工作。

（2）故障预测。对于故障预测来说，大数据系统结合往期设备故障的表现来看，对可能引发设备故障的因素进行分析与排查，并且建立形成设备维保管理目标。结合 A 地铁运营情况来看，构建了设备阶段性功能保养、设备故障问题巡检等诸多管理机制，以期望提升设备故障预防有效性，完善故障管理体系内容。结合各项设备的功能保养需求来看，完整制定设备保障检修方案可以指导维保工作人员顺利、稳定地开展工作，此外借助大数据信息挖掘技术手段,还能够最大限度地做好故障巡检工作,及时排查设备潜在的隐患,确保设备配件及时进行更换。对于 A 地铁运营来说,借助大数据信息技术手段,在 2021 年 5 月开展了 2 次设备保养,在 2021 年全年自动化故障巡检 30 次,指导维修工作 16 次。

4. 轨道交通系统与数据挖掘技术结合的应用发展策略

1) 实现大数据信息内部共享交互

智能"轨道"交通系统想要充分展现出大数据信息挖掘技术的维保价值,就应该从全面的角度搜集智能"轨道"交通系统数据信息,完善信息化设备管理平台,并且大力收集数据信息,形成数据共享机制,为大数据信息挖掘工作奠定扎实基础。此外,还应能够不断提升设备故障联动有效性,减少充分劳动等诸多问题,保障设备数据同步管理的效果。因为相同部门中的设备类型具备一致性,所以能够形成模块化数据类型,并且能够从客观角度上对数据信息挖掘处理量进行处理管控。在编程数据库中,可以有效实现数据信息的导入/导出,形成数据共享处理体系,实现数据共享,为智能轨道交通系统维保管理奠定完整、全面的数据基础保障。例如,在 A 城市地铁运营的过程中,在智能轨道交通系统内部增设了全面化系统数据库,其中涵盖了交通设备信息管理系统数据、交通设备部件损耗管理系统数据、备用零件管理系统数据、轨道交通日常维保系统数据、交通设备档案信息数据等内容,真正实现了大数据信息内部共享交互。此外,各个数据系统之间的信息数据交互,可以在轨道交通出现故障时,开展共享式数据信息录入,形成多个系统之间的数据同步,为诸多管理工作奠定数据信息联动基础。此外,各个系统之间的数据信息共享,可以将系统入口有效地整合在相同的公用平台中,完整、精准地显示设备管理信息内容,这样可以促进轨道交通各管理部门的信息化规范性,实现轨道交通数据资源共享目标。

2) 构建各个部门之间的局域用网联动机制

对于轨道交通来说,可能存在各个智能轨道交通系统设备管理和数据信息独立性,这就在一定程度上增加了大数据信息采集的片面性,对维保管理工作带来了一定难度,很难全面保障大数据信息技术分析的全面性。此外,设备之间存在相互作用的关系,所以为了实现轨道交通高质量维保管控,应该组建信息共享平台,完成各类部门的设备以及大数据信息整合,以便于强化大数据信息分析的精准性与精密性,更加清晰化地确定轨道交通各个设备和环节的运行状态。针对 A 城市的地铁运营实际情况来看,轨道交通工具运行很容易出现设备磨损情况,导致对电气程序、车轮性能等带来直接损害。为此,想要实现高质量的维保管控,应该强化局域用网体系联动机制开发,联系各个部门的设备故障信息,以期构建完善的大数据设备管理机制,提升数据信息的智能性水平,展现出大数据信息技术的优势,提升轨道交通运行效率。

5.7 数据挖掘技术在信用卡业务中的应用

信用卡业务具有透支笔数巨大、单笔金额小的特点，这使得数据挖掘技术在信用卡业务中的应用成为必然。国外信用卡发卡机构已经广泛应用数据挖掘技术促进信用卡业务的发展，实现全面的绩效管理。我国自 1985 年发行第一张信用卡以来，信用卡业务得到了长足的发展，积累了巨量的数据，数据挖掘在信用卡业务中的重要性日益显现。

数据挖掘技术在信用卡业务中的应用主要有分析型客户关系管理（Customer Relationship Management，CRM）、风险管理和运营管理。

1. 分析型客户关系管理

分析型客户关系管理应用包括市场细分、客户获取、交叉销售和客户流失。信用卡分析人员搜集和处理大量数据，对这些数据进行分析，发现其数据模式及特征，分析某个客户群体的特性、消费习惯、消费倾向和消费需求，进而推断出相应消费群体下一步的消费行为，然后以此为基础，对识别出来的消费群体进行特定产品的主动营销。这与传统的不区分消费者对象特征的大规模营销手段相比，大大节省了营销成本，提高了营销效果，从而能为银行带来更多的利润。对客户采用哪种营销方式是根据响应模型预测得出的客户购买概率做出的，对响应概率高的客户采用更为主动、人性化的营销方式，如电话营销、上门营销，对响应概率较低的客户可选用成本较低的电子邮件和信件营销方式。除获取新客户外，维护已有的优质客户的忠诚度也很重要，因为留住一个原有客户的成本要远远低于开发一个新客户的成本。在客户关系管理中，通过数据挖掘技术找到流失客户的特征，并发现其流失规律，就可以在那些具有相似特征的持卡人还未流失之前，对其进行有针对性的弥补，使得优质客户能为银行持续创造价值。

2. 风险管理

数据挖掘在信用卡业务中的另一个重要应用就是风险管理。在风险管理中，运用数据挖掘技术可建立各类信用评分模型。模型类型主要有 3 种：申请评分模型、行为评分模型和催收评分模型，分别为信用卡业务提供事前、事中和事后的信用风险控制。

（1）申请评分模型专门用于对新申请客户的信用进行评估，它应用于信用卡征信审核阶段，通过申请人填写的有关个人信息，即可有效、快速地辨别和划分客户质量，决定是否审批通过并对审批通过的申请人核定初始信用额度，帮助发卡行从源头上控制风险。申请评分模型不依赖于人们的主观判断或经验，有利于发卡行推行统一规范的授信政策。

（2）行为评分模型是针对已有持卡人，通过对持卡客户的行为进行监控和预测，从而评估持卡客户的信用风险，并根据模型结果，智能化地决定是否调整客户的信用额度，在授权时决定是否授权通过,到期换卡时是否进行续卡操作,并对可能出现的逾期情况进行预警。

(3) 催收评分模型是申请评分模型和行为评分模型的补充,是在持卡人产生了逾期或坏账的情况下建立的。催收评分模型用于预测和评估对某一笔坏账所采取的措施的有效性,诸如客户对警告信件反应的可能性。这样,发卡行就可以根据模型的预测,对不同程度的逾期客户采取相应的措施进行处理。

以上 3 种评分模型在建立时所利用的数据主要是人口统计学数据和行为数据。人口统计学数据包括年龄、性别、婚姻状况、教育背景、家庭成员特点、住房情况、职业、职称、收入状况等。行为数据包括持卡人过去使用信用卡的表现信息,如使用频率、金额、还款情况等。由此可见,数据挖掘技术的使用可以使银行有效地建立事前、事中到事后的信用风险控制体系。

3. 运营管理

虽然数据挖掘在信用卡运营管理领域的应用不是最重要的,但它已为国外多家发卡公司在提高生产效率、优化流程、预测资金和服务需求、提供服务次序等方面的分析上取得了较大成绩。

4. 实例分析

下面以逻辑回归方法建立信用卡申请评分模型为例,说明数据挖掘技术在信用卡业务中的应用。申请评分模型设计可分为以下 7 个基本步骤。

1) 定义好客户和坏客户的标准

好客户和坏客户的标准根据适合管理的需要定义。按照国外的经验,建立一个预测客户好坏的风险模型所需的好、坏样本至少各有 1000 个。为了规避风险,同时考虑到信用卡市场初期,银行的效益来源主要是销售商的佣金、信用卡利息、手续费收入和资金的运作利差,因此,一般银行把降低客户的逾期率作为一个主要的管理目标。例如,将坏客户定义为出现过逾期 60 天以上的客户,将好客户定义为没有 30 天以上逾期且当前没有逾期的客户。

一般来讲,在同一样本空间内,好客户的数量要远远大于坏客户的数量。为了保证模型具有较高的识别坏客户的能力,取好、坏客户样本数的比率为 1 : 1。

2) 确定样本空间

样本空间的确定要考虑样本是否具有代表性。一个客户是好客户,表明持卡人在一段观察期内用卡表现良好;而一个客户只要出现过"坏"的记录,就把他认定为坏客户。所以,一般好客户的观察期要比坏客户长一些,好、坏客户可以选择在不同的时间段,即不同的样本空间内。例如,好客户的样本空间为 2003 年 11 月至 2003 年 12 月的申请人,坏客户的样本空间为 2003 年 11 月至 2004 年 5 月的申请人,这样既能保证好客户的表现期较长，又能保证有足够数量的坏客户样本。当然，抽样的好、坏客户都应具有代表性。

3）数据来源

在美国，由统一的信用局对个人信用进行评分，通常被称为"FICO 评分"。美国的银行、信用卡公司和金融机构在对客户进行信用风险分析时，可以利用信用局提供的个人数据报告。在我国，由于征信系统还不完善，建模数据主要来自申请表。随着我国全国性征信系统的逐步完善，未来建模的一部分数据可以从征信机构收集到。

4）数据整理

大量抽样数据要真正最后进入模型，必须经过数据整理。在数据处理时，应注意检查数据的逻辑性，区分"数据缺失"和"0"，根据逻辑推断某些值，寻找反常数据，评估是否真实。可以通过求最小值、最大值和平均值的方法，初步验证抽样数据是否随机、是否具有代表性。

5）变量选择

变量选择要同时具有数学统计的正确性和信用卡实际业务的解释力。Logistic 回归方法是尽可能准确地找到能够预测因变量的自变量，并给予各自变量一定权重。若自变量数量太少，则拟合的效果不好，不能很好地预测因变量的情况；若自变量太多，则会形成过拟合，预测因变量的效果同样不好。所以应减少一些自变量，如用虚拟变量表示不能量化的变量，用单变量和决策树分析筛选变量。与因变量相关性差不多的自变量可以归为一类，如地区对客户变坏概率的影响，假设广东和福建两省对坏客户的相关性分别为 -0.381 和 -0.380，可将这两个地区归为一类，另外，可以根据申请表上的信息构造一些自变量，例如结合申请表上的"婚姻状况"和"抚养子女"，根据经验和常识结合这两个字段，构造新变量"已婚有子女"，进入模型分析这个变量是否真正具有统计预测性。

6）模型建立

借助 SAS9 软件，用逐步回归法对变量进行筛选。这里设计了一种算法，分为 6 个步骤。

（1）求得多变量相关矩阵（若是虚拟变量，则 >0.5 属于比较相关；若是一般变量，则 $0.7 <$ 变量值 < 0.8 属于比较相关）。

（2）旋转主成分分析（一般变量要求 >0.8 属于比较相关，虚拟变量要求 $>0.6 \sim 0.7$ 属于比较相关）。

（3）在第一主成分和第二主成分分别找出 15 个变量，共 30 个变量。

（4）计算所有 30 个变量对好/坏的相关性，找出相关性大的变量加入步骤（3）得出的变量。

（5）计算 VIF（Variance Inflation Factor，方差膨胀因子）。若 VIF 数值比较大，则查看步骤（1）中的相关矩阵，并分别分析这两个变量对模型的作用，剔除相关性较小的一个。

（6）循环步骤（4）和步骤（5），直到找到所有变量，且达到多变量相关矩阵相关性强，而单个变量对模型的贡献作用大。

7）模型验证

在收集数据时，把所有整理好的数据分为用于建立模型的建模样本和用于模型验证的对照样本。对照样本用于对模型总体的预测性、稳定性进行验证。申请评分模型的模型检验指标包括 K-S（Kolmogorov-Smirnov）值、ROC（Receiver Operating Characteristic，接受者操作特征）、AR（Association Rules，关联规则）等。虽然受到数据不干净等客观因素的影响，但是本例申请评分模型的 K-S 值已经超过 0.4，达到了可以使用的水平。

5. 数据挖掘在国内信用卡市场的发展前景

在国外，信用卡业务信息化程度较高，数据库中保留了大量的数据资源，运用数据技术建立的各类模型在信用卡业务中的实施非常成功。目前国内信用卡发卡银行首先利用数据挖掘建立申请评分模型，作为在信用卡业务中应用的第一步，不少发卡银行已经用自己的历史数据建立了客户化的申请评分模型。总体而言，在我国的信用卡业务中，由于数据质量问题，难以应用数据挖掘技术构建业务模型。

随着国内各家发卡银行已经建立或着手建立数据仓库，将不同操作源的数据存放到一个集中的环境中，并且进行适当的清洗和转换。这为数据挖掘提供了一个很好的操作平台，将给数据挖掘带来各种便利和功能。人民银行的个人征信系统也已上线，在全国范围内形成了个人信用数据的集中。在内部环境和外部环境不断改善的基础上，数据挖掘技术在信用卡业务中将具有越来越广阔的应用前景。

5.8　数据挖掘技术助力新冠病毒感染疫情防控

随着互联网的发展与普及，近年来网络与数据挖掘等技术成为推动社会发展及应对突发事件强有力的工具。新冠病毒感染疫情发生后，移动互联网以及物联网产生的海量数据在抗疫的诸多场景中发挥了显著作用，为疫情防控措施的有效实施提供了帮助。

1. 数字化技术全方位支援疫情防控

传染病流行的 3 个基本要素为传染源、传播渠道和易感人群。在本次抗疫过程中，我国采取了严格的管控措施、医疗检测与隔离手段：一是识别、定位早期症状人员，经筛查检测，尽快识别传染源；二是实施网格化管理，进行全民居家隔离，阻断相互接触的传染渠道，追溯并隔离近距离接触者群体，保护易感人群；三是举国驰援武汉，分类隔离疑似、轻症、重症人群，力争在最短时间内治愈确诊病例，切断传染源；四是积极研究病毒与疫苗，争取彻底解决病毒感染问题。

数字技术与数据应用在新冠疫情早期识别疑似病例的过程中,发挥了极大的作用。例如在湖北武汉实施拉网式全民体温筛查的同时,全国范围内公共场所的体温检测也被当作疫情防控的第一道防线予以贯彻。

(1)全国各大医疗机构、健康平台纷纷开放专门的线上疾病咨询渠道,方便群众在线问诊。

(2)武汉市狮南社区率先使用了以语音识别技术为基础的人工智能访谈系统,该系统通过拨打电话,针对联系人是否发热等基础问题实施居民调查。在精准识别、分析居民回应信息后,再对高风险人群进行人工访问和体温测量,迅速完成普筛工作。据统计,通过人工智能访谈系统,该社区仅用 6 小时便完成了对 3000 余户居民的识别与普筛工作。

(3)以无接触式体温感知技术为基础的体温感知系统,在办公楼宇、车站机场及交通要道等人流密集场所担负着对大批量人群进行体温筛查的工作,其应用大大减少了人工干预,实现了在高效获取数据的同时降低人群交叉感染的风险。

2. 助力人群定位与轨迹追踪

时空大数据的外延范围包括所有关于时间与位置的数据。以人的行为轨迹为对象的时空数据的应用在本次疫情防控过程中发挥了不可替代的作用。

(1)在疫情之初,中国联通、中国电信和中国移动三大电信运营商迅速以短信的形式为用户提供 14～30 天位置查询的服务,这也是健康码的雏形。而面向卫生防疫机构的人口迁移大数据则为疫情防控部门及时、准确地部署应对策略提供了基础数据。

(2)高铁、航空系统推出了通过输入电话号码查询一定时间段乘坐车次、搭乘航班的信息服务,结合政府不断公布的确诊人员的行动轨迹,实施确诊病例搭乘信息动态发布,方便群众判断是否曾与感染源有过接触,有效提高了易感人群的识别与隔离。

(3)描绘确诊病例分布的社区地图,为百姓及时了解周边疫情提供了直接有效的信息,是保证百姓生活节奏张弛有度的重要参考依据。

3. 助力医疗系统进行诊断与治疗

此次疫情呈现出不均匀分布的状态,大量病例的聚集地对医疗资源的供应提出了严峻挑战。除了医务人员驰援之外,数字化技术与数据挖掘应用也发挥了不可小觑的作用。

(1)在大部分新冠病毒感染定点收治医院,医疗服务智能机器人已承担起无人导诊、自动响应的发热问诊、初步诊断、引领病人以及传送化验单和药物等多项辅助任务,隔离点的自动送餐机器人、消毒机器人等也极大地缓解了工作人员数量不足和情绪紧张的压力。

(2)通过信息技术手段调动全国各地,尤其是疫情较轻地区的医疗资源,以远程诊断、多方会诊的方式帮助重灾区的医疗团队分担诊断、分析等工作,有效缓解了疫区医疗团队的工作负担。

4. 助力社区防控管理

疫情发生之后,全国范围内实行了严格的社区网格化管理,有效减少了人与人之间的相互接触。

(1)适合不同应用场景的人员识别与登记系统。通过将居民微信或支付宝扫码与手机号、身份信息相结合,向社区工作人员提供特殊时期的特定人员的定位信息。同时通过无接触红外等测温手段完成对各类人员的体温监测。

(2)基于微信、支付宝等开发出的"健康码"程序,有效提高了人员健康信息的记录与识别,助力加强高危人员的管控。

5. 助力中长期科研与药物研发

目前,国内很多科研院所以及从事人工智能医疗技术研究与应用的企业都在积极地开展药物与疫苗的研发、病毒的分析与测序等各项工作。以数据分析与机器学习为基础的数据技术在毒株的分析筛选、药物的分子结构和蛋白结构以及晶型分析等方面都将发挥无法替代的作用。阿里云宣布疫情期间向公共科研机构免费开放病毒疫苗和新药研发所需的一切人工智能算力,腾讯云为防治新冠病毒感染的药物筛选等工作提供免费的云超算服务,为病毒研究、药物筛选等科研工作提供了极大的算力保证。在现代化数据分析手段的协助下,军事科学院军事医学研究院陈薇院士领衔的科研团队已经成功研制出重组新冠病毒疫苗,并于2020年3月16日获批展开临床试验。

此外,复工复产、物流规划、物资调配和对国际客流的管理等很多基础性工作均需保持正常运行,释放出对数字化与数据应用最为直接的业务与管理的需求。

6. 数据深度应用前路漫长

新冠病毒感染疫情防控工作可谓是对我国数字化建设进行了一次全面而深刻的实战检验。通过分析发现,无论是时空数据的综合关联应用,还是基于移动互联网的其他应用,只有在技术相对成熟、应用场景简单完整,同时又无须大量额外基础设施投资的情况下才能真正地发挥作用。针对数据应用过程中面临的问题,笔者进行了初步总结,并从以下5个维度进行阐述。

1)分隔管控措施造成数据挖掘有难度

从医学角度出发采取的一些有效措施并不利于数据的收集、分析与应用。例如,针对不同的人群采取的是不同的隔离管理措施:疑似与密切接触者进行居家或宾馆隔离,轻症患者在方舱医院进行管理观察,重症患者在专门的重症监护室或隔离病房抢救。此举能够最大化地发挥隔离、救治、防治交叉感染的效果。然而,这也导致了各种检验检测数据产生并存放在不同机构的异构数据集中,在缺乏信息共享联通机制的情况下,会给数据分析研究带来很大的困难。

2）技术产品融入业务场景有难度

疫情之下，很多公司开展了人工智能自动或者辅助判读病情等系统研发工作。但是，医疗人员在如战场般的医疗现场和既定的医疗流程中争分夺秒，一个全新系统的植入将对既有业务流程造成冲击。而且，人与新工具的适应程度以及系统本身的不成熟等因素，均使得新型系统未能充分发挥真正有效的助力。

3）管理流程不适应战时需求

存放于不同位置、不同机构的数据安全管控措施严格，再加上异构数据的数据标准与格式存在巨大差异，使得数据很难实施有效的集成分析与应用。在紧急状态下，当数据融合成为必需的时候，便需要打破既有的壁垒，迅速形成综合的数据集合，提供最有效的数据支撑。然而，目前由于缺乏成熟的数据分享原则、授权管理机制，新冠病毒感染疫情防控期间的数据应用依然呈现比较分散、独立的态势。

4）数据的共享与分析存在壁垒

在医药研发领域，大部分大型公司与研究院所往往会进行独立研究。因此，在缺乏完善的共享机制的情况下，原始的检测数据、试验数据等会被各单位采取内部留存的方式管控，很难支撑产业的大协同研究与分析。

5）数据流动成为迫切需求

当前，我国的防疫压力得到缓解，但开始面临另外两个方面的压力：一方面是对内，有序地复工复产、经济重启均需要实现跨地域、跨行业的广泛信息的共享与连接；另一方面则是对外，输入病例防控工作显得尤为艰巨。因此，应急状态下的数据管理、管控与应用是未来需要深入研究分析的系统课题；促进数据研究成果与医学的深度融合，持续推进医工结合的数据研究与成果转化，是需要长期推进的艰巨使命；运用大数据与人工智能技术，对疫情所造成的损失进行有效评估，协助政府与企业制定并采取相应的经济恢复举措，逐步恢复正常的经济活动，防控输入病例、转阴复阳病例的二次传播，防止形成病毒的第二次大面积失控以及预防社会心理问题的集中爆发，都是需要我们认真思考的问题。

5.9　空间数据挖掘在地理信息系统中的应用

随着卫星和遥感技术以及其他自动数据采集工具的广泛应用，当前存储于空间数据库中的数据量迅速增长，海量的地理数据在一定程度上已经超过了人们能够处理的能力，特别是从这些海量的、多维的空间数据中提取有用的信息显得异常复杂，这就形成了"数据泛滥但信息匮乏"的尴尬局面。如何整理和解释这些数据，尽可能提取和发现地学信息，给当前地理信息系统（Geographic Information System，GIS）技术提出了新的挑战。

传统的 GIS 系统无法有效地发现大量数据中存在的关系和规则,很难把握数据背后隐藏的信息,而数据挖掘技术有望解决这一问题,它的出现为 GIS 组织、管理空间和非空间数据提供了新的思路,在一定程度上推动了地理信息系统的发展。

空间数据挖掘也称基于空间数据库的数据挖掘和知识发现(Spatial Data Mining and Knowledge Discovery),是指从空间数据库中提取用户感兴趣的空间模式与特征、空间与非空间数据的普遍关系及其他一些隐含在数据库中的普遍的数据特征。空间数据挖掘是数据挖掘的一个新的分支。

空间数据挖掘系统大致为 3 层结构,如图 5.1 所示。

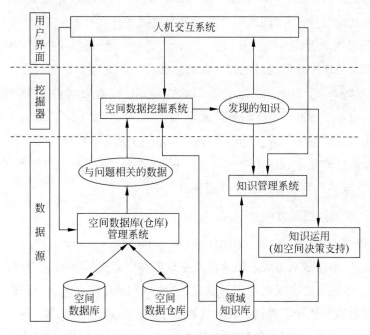

图 5.1　空间数据挖掘系统

从图 5.1 可知,第一层是数据源,指利用空间数据库或数据仓库管理系统提供的索引、查询优化等功能获取和提炼与问题领域相关的数据,或直接利用存储在空间立方体中的数据,这些数据可称为数据挖掘的数据源或信息库。第二层是挖掘器,利用空间数据挖掘系统中的各种数据挖掘方法分析被提取的数据以达到用户的需求。第三层是用户界面,使用多种方式(如可视化工具)将获取的信息和发现的知识反映给用户,用户对发现的知识进行分析和评价,并将知识提供给空间决策支持使用,或将有用的知识存入领域知识库内。

常用的空间数据挖掘技术包括空间分析方法、统计分析方法、空间关联规则挖掘方法、聚类和分类方法、空间离群挖掘模式、时间序列分析、神经网络方法、决策树方法、粗糙集理论、模糊集理论、遗传算法、云理论等。

1．空间分析方法

空间分析方法是利用 GIS 的各种空间分析模型和空间操作对空间数据库中的数据进行深加工，从而产生新的信息和知识。目前，常用的空间分析方法有综合属性数据分析、拓扑分析、缓冲区分析、密度分析、距离分析、叠置分析、网络分析、地形分析、趋势面分析、预测分析等，可发现目标在空间上的相连、相邻和共生等关联规则，或发现目标之间的最短路径、最优路径等辅助决策的知识。

空间分析方法常作为预处理和特征提取方法与其他数据挖掘方法结合使用。例如，探测性的数据分析（Exploratory Data Analysis，EDA）采用动态统计图形和动态链接技术显示数据及其统计特征，发现数据中非直观的数据特征和异常数据。Ester．Kriegel 和 Sander 在空间数据库管理系统的基础上，基于邻图和邻径，提出了针对空间数据库的挖掘空间相邻关系的算法。邸凯昌把探测性的数据分析与空间分析相结合，构成探测性的空间分析（Exploratory Spatial Analysis，ESA），再次与面向属性的归纳（Attributed-Oriented Induction，AOI）结合，则形成探测性的归纳学习（Exploratory Inductive Learning，EIL），它们能在 SDM（Spatial Data Mining）中聚焦数据，初步发现隐含在空间数据中的某些特征和规律。图像分析可直接用于含有大量图形图像数据的空间数据挖掘，也可作为其他知识发现方法的预处理手段。

2．空间关联规则挖掘方法

空间关联规则挖掘方法（Spatial Association Rule Mining Approach）首先由 Agrawal 等提出，主要是从超级市场销售事务数据库中发现顾客购买多种商品时的搭配规律。最著名的空间关联规则挖掘算法是 Agrawal 提出的 Apriori 算法（R. Agrawal，1993），其主要思路是统计多种商品在一次购买中共同出现的频数，然后将出现频数多的搭配转换为关联规则。空间关联规则的形式是 X—>Y[S％，C％]，其中 X、Y 是空间或非空间谓词的集合，S％表示规则的支持度，C％表示规则的置信度。空间谓词的形式有 3 种：表示拓扑结构的谓词、表示空间方向的谓词和表示距离的谓词。各种各样的空间谓词可以构成空间关联规则。实际上，大多数算法都是利用空间数据的关联特性改进其分类算法的，这使得它适合挖掘空间数据中的相关性，从而可以根据一个空间实体而确定另一个空间实体的地理位置，有利于进行空间位置查询和重建空间实体等。

算法描述如下：

（1）根据查询要求查找相关的空间数据。

（2）利用邻近等原则描述空间属性和特定属性。

（3）根据最小支持度原则过滤不重要的数据。

（4）运用其他手段对数据进一步提纯。

（5）生成关联规则。

3. 聚类和分类方法

聚类是将地理空间实体或地理单元集合依照某种相似性度量原则划分为若干个类似地理空间实体或地理单元组成的多个类或簇的过程。类中实体或单元彼此间具有较高相似性，类间实体或单元彼此间具有较大差异性。常用的经典聚类方法有 K-Means、K-Medoids、ISODAIA 等。在空间数据挖掘中，R. Ng 等提出了基于面向大数据集的 CLARANS 算法；Ester 提出了 DBSCAN 算法；周成虎、张健挺等将信息熵的概念引入 SDM 中，提出了基于熵的时空一体化的地学数据分割聚类模型等。

分类就是假定数据库中的每个对象（在关系数据库中对象是元组）属于一个预先给定的类，从而将数据库中的数据分配到给定的类中。研究者根据统计学和机器学习提出了很多分类算法。大多数分类算法用的是决策树方法，它用一种自上而下分而治之的策略将给定的对象分配到小数据集中，在这些小数据集中，叶节点通常只连着一个类。许多研究者研究了空间数据的分类问题。Fayyad 等用决策树方法对恒星的影像数据进行了分类，总共有 3TB 的栅格数据。训练数据集由天文学家进行分类，在此基础上，建立了用于决策树分类的 10 个训练数据集，接着用决策树进行分类，发现模式，这个方法不适合 GIS 中的矢量数据。Ester 等利用邻近图提出了空间数据的分类方法，该方法是基于 ID3 而来的，它不但考虑了分类对象的非空间属性，而且考虑了邻近对象的非空间属性。K. Koperski 等用决策树进行空间数据分类，接着分析了空间对象的分类问题和数据库中空间对象之间的关系，最后提出了一个能处理大量不相关的空间关系的算法，并针对假设和真实数据进行了空间数据分类实验。

分类和聚类都是对目标进行空间划分，划分的标准是类内差别最小而类间差别最大。分类和聚类的区别在于分类事先知道类别数和各类的典型特征，而聚类则事先不知道。

4. 空间离群挖掘模式

离群点就是不同于邻近域属性值的目标对象，或者由于其特殊的应用价值，一些学者认为它是由某种特有的机制产生的。离群点的识别能够导致很多有意义知识的挖掘，其应用范围也很广，例如运动员体能分析、天气预报、计算机辅助设计等。从空间意义上来说，发现局部异常对象是极其重要的。空间离群点就是在空间上非空间属性显著不同于空间邻近域的目标对象。有时，空间离群点在整个数据集合上并不是那么显著的，但是对于局部而言就是一个不稳定点，挖掘空间离群点在很多程序中都有应用，如地理信息系统、交通运输等领域。

近来，为了在多维空间中挖掘目标对象，提出了许多双边分裂多维测试离群点算法。它们把自身的属性分为空间属性（地点、邻近域属性和距离等）和非空间属性（对象编号、对象的从属者以及名称等）。其中，空间属性用来定位对象之间的关系以及邻近域集合的选择，而非空间属性用来比较目标对象与其邻近域集合。从空间统计学的角度出发可以把它分为两类：图形方法和定量测试方法。图形方法就是基于空间数据可视化来区分空间离群点的，例如变量云图方法、Morancsatterplots 方法、Shekhar 等提出的基于图形的空间数据挖掘算法等(S. Shekhar，2002)。而定量测试方法提供了一种在其邻近域中准确地挖掘目标对象的方法，如 Scatterplots(A. Luc，1995)以及 Chang-TienLu 的空间离群点定量测试算法。它们都从非空间属性差值的空间统计分布出发，对一维的非空间属性值进行统计判断，有效地提高了空间离群点判断的准确性。

GIS 发展的重要趋势是与遥感（Remote Sensing，RS）和全球定位系统（Global Positioning System，GPS)相结合，向集成化、自动化及智能化迈进。GIS 发展的另一个重要方向是智能化的决策支持系统，这都需要用到专家系统的知识。因此，知识的自动获取是建立智能化 GIS 的瓶颈。由于当前空间数据模型、空间数据结构及 GIS 数据库管理系统的多样性，致使三者的集成不那么轻而易举，但集成的关键是如何从 GIS 中获取样本数据。下面针对常用的扩展式 GIS 数据库管理系统提出 3 种集成模式。

1) 松散耦合模式，也称外部空间数据挖掘模式

这种模式基本上将 GIS 当作一个空间数据库看待，在 GIS 环境外部借助其他软件或计算机语言进行空间数据挖掘。它与 GIS 之间采用数据通信的方式联系，而 GIS 只充当数据源的作用。由于这种模式是基于内存的，挖掘本身并不使用 GIS 数据库系统提供的数据结构和查询优化方法，因此，对于大数据集，松散耦合模式的系统很难获得可伸缩性和良好的性能。它的优点是集成能方便灵活地实现。图 5.2 为基于松散耦合模式的空间数据挖掘与 GIS 的集成框架图。

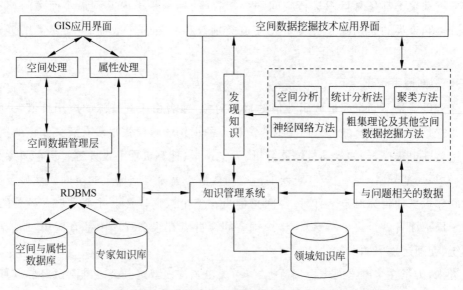

图 5.2　基于松散耦合模式的空间数据挖掘与 GIS 的集成框架图

2) 内部空间数据挖掘模式

这种模式把数据挖掘子系统视为地理信息系统的一部分,就像 GIS 其他功能模块一样。SDM 预处理模块的功能将并入 GIS 的数据库管理模块,数据挖掘的知识库成为 GIS 数据库管理模块下的一个子库,结果由系统界面显示与表达,数据挖掘方法库及管理模块形成类似于空间查询与空间分析的模块,通过把数据挖掘查询优化成循环的挖掘处理和检索过程,将二者结合起来,实现数据挖掘系统和 GIS 的紧密结合,融为一体,达到高层次上的集成,这也是完善和发展 GIS 的方向。图 5.3 为基于嵌入模式的空间数据挖掘与 GIS 的集成框架图。

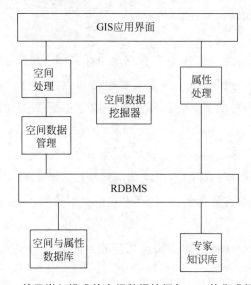

图 5.3 基于嵌入模式的空间数据挖掘与 GIS 的集成框架图

3) 混合型空间模型法

混合型空间模型法是前两种方法的结合,即尽可能利用 GIS 提供的功能,最大限度地减少用户自行开发的工作量和难度,又保持外部空间数据挖掘模式的灵活性。

5. 空间数据挖掘可发现的主要知识类型

GIS 数据库是空间数据库的主要类型,从 GIS 数据库中发现的知识类型及知识发现方法可以涵盖其他类型的空间数据库。利用空间数据挖掘技术可以从空间数据库中发现如下几种主要类型的知识。

1) 空间特征规则

空间特征规则是指对某类或几类空间目标的普遍特性的描述规则,即某类空间目标的共性。空间几何特征是指目标的位置、形态特征、走向、连通性、坡度等普遍的特征。空间属性特征指目标的数量、大小、面积、周长等定量或定性的非几何特性。这类规则是最基本的,是发现其他类型知识的基础。例如河流与山脉的走向、道路的连通性等。

2）空间分布规律

空间分布规律是指地理目标（现象）在地理空间的分布规律，分为水平向分布规律、垂直向分布规律、水平和垂直向的联合分布规律以及其他分布规律。水平向分布指地物（现象）在水平区域的分布规律，如不同区域农作物的差异、公用设施的城乡差异等；垂直向分布即地物沿高程带的分布，如高山植被沿坡度、坡向的分布规律。

3）空间聚类规则

空间聚类规则是指根据空间目标特征的集散程度将它们划分到不同的组中，组之间的差别尽可能大，组内的差别尽可能小，可用于空间目标信息的概括和综合，如精确农业中的作物产量图可聚类成高、中、低产区。

4）空间演变规律

若 GIS 数据库是时空数据库或 GIS 数据库中存有同一地区多个时间数据的快照，则可以发现空间演变规律。换言之，空间演变规律是指空间目标依时间的变化规律，如哪些地区易变，哪些地区不易变、怎么变，哪些目标固定不变等，人们可以利用这些规律进行预测预报。

5）空间分类规则

空间分类规则是指根据目标的空间或非空间特征，利用分类分析将目标划分为不同类别的规则。空间分类是有导师的，并且事先知道类别数和各类的典型特征。

6）空间序贯模式

空间序贯模式是指空间数据库中满足用户指定最低支持的最小的空间数据时间序列或属性数据时间序列。

7）空间混沌模式

空间混沌模式是指空间数据库的空间数据、属性数据中存在介于确定关系和纯随机关系间的混沌关系，是一种无序中的有序关系。

8）面向对象的知识

面向对象的知识是指由某类复杂对象的子类构成，并具有普遍特征的知识。可用的知识表达方法包括：特征表、谓词逻辑、产生式规则、语义网络、面向对象的表达方法、可视化表达方法等。

9）空间偏差型知识

空间偏差型知识是对空间目标之间的差异和极端特例的描述，揭示空间目标或现象偏离常规的异常情况，如空间聚类中的孤立点和空洞。这些知识和规则从信息内涵上讲是有区别的，但从形式上讲又是密切联系的。对于空间分布的图形描述既传递了空间分布信息，又传递了空间趋势和空间对比信息。例如从世界人口分布图上，我们既可以了解人口分布情况，又可以感受到人口分布的基本趋势，同时，各国之间的人口密度对比也反映得一清二楚。我们在不同的应用中可选择相应的知识表达方法，各种方法之间也可以相互转换。

地理信息系统是空间数据库发展的主体,随着计算机科学、地理学、统计学、环境科学、遥感技术以及移动通信等综合信息技术的不断发展,GIS技术将不断与新的领域结合产生新的集成,发挥更大的作用。同时,从空间数据库中挖掘出有意义的隐含的知识将越来越受到人们的重视,空间数据挖掘技术在GIS中的广泛应用,将使得GIS集成系统朝着网络化、智能化、标准化、全球化与大众化的方向发展,充分、恰当地发挥GIS的潜能,使之更好地为人类的生活服务。

5.10 数据挖掘技术在个性化推荐系统中的应用

个性化推荐系统是互联网和电子商务发展的产物,它是建立在海量数据挖掘基础上的一种高级商务智能平台,向顾客提供个性化的信息服务和决策支持。近年来已经出现了许多非常成功的大型推荐系统实例,与此同时,个性化推荐系统也逐渐成为学术界的研究热点之一。

1995年3月,卡内基-梅隆大学的Robert Armstrong等在美国人工智能协会上提出了个性化导航系统Web Watcher,斯坦福大学的Marko Balabanovic等在同一会议上推出了个性化推荐系统LIRA。

1995年8月,麻省理工学院的Henry Lieberman在国际人工智能联合大会(International Joint Conference on Artificial Intelligence,IJCAI)上提出了个性化导航智能体Litizia。

1996年,Yahoo推出了个性化入口My Yahoo。

1997年,AT&T实验室提出了基于协同过滤的个性化推荐系统PHOAKS和Referral Web。

1999年,德国Dresden技术大学的Tanja Joerding实现了个性化电子商务原型系统TELLIM。

2000年,NEC研究院的Kurt等为搜索引擎CiteSeer增加了个性化推荐功能。

2001年,纽约大学的Gediminas Adoavicius和Alexander Tuzhilin实现了个性化电子商务网站的用户建模系统1:1Pro。

2001年,IBM公司在其电子商务平台Websphere中增加了个性化功能,以便商家开发个性化电子商务网站。

2003年,Google开创了AdWords广告模式,通过用户搜索的关键词来提供相关的广告。AdWords的点击率很高,是Google广告收入的主要来源。2007年3月开始,Google为AdWords添加了个性化元素。不但关注单次搜索的关键词,而且对用户近期的搜索历史进行记录和分析,据此了解用户的喜好和需求,更为精确地呈现相关的广告内容。

2007 年，Yahoo 推出了 SmartAds 广告方案。雅虎掌握了海量的用户信息，如用户的性别、年龄、收入水平、地理位置以及生活方式等，再加上对用户搜索、浏览行为的记录，使得雅虎可以为用户呈现个性化的横幅广告。

2009 年，Overstock（美国著名的网上零售商）开始运用 ChoiceStream 公司制作的个性化横幅广告方案在一些高流量的网站上投放产品广告。Overstock 在运行这项个性化横幅广告的初期就取得了惊人的成果，公司称："广告的点击率是以前的 2 倍，伴随而来的销售增长也高达 20%～30%。"

2009 年 7 月，国内首个个性化推荐系统科研团队北京百分点信息科技有限公司成立，该团队专注于个性化推荐、推荐引擎技术与解决方案，在其个性化推荐引擎技术与数据平台上汇集了国内外百余家知名电子商务网站与资讯类网站，并通过这些 B2C 网站每天为数以千万计的消费者提供实时智能的商品推荐。

2011 年 8 月，纽约大学个性化推荐系统团队在杭州成立载言网络科技有限公司，在传统协同滤波推荐引擎的基础上加入用户的社交信息和用户的隐性反馈信息，包括网页停留时间、产品页浏览次数、鼠标滑动、链接点击等行为，辅助推荐，提出了迄今为止最为精准的基于社交网络的推荐算法。团队专注于电商领域个性化推荐服务以及商品推荐服务社区——e 推荐。

2011 年 9 月，百度世界大会 2011 上，李彦宏将推荐引擎与云计算、搜索引擎并列为未来互联网重要战略规划以及发展方向。百度新首页将逐步实现个性化，智能地推荐出用户喜欢的网站和经常使用的 App。

个性化推荐最初的诞生是由于在逐渐信息过载的时代中，适当的筛选可以让用户高效地获得自己所需要的信息。后来才逐步应用于商业，尤其是成为电商行业的有效销售手段，还有一些文化、社交性的站点（比如豆瓣、知乎、网易云等）。

推荐系统是自动联系用户和物品的一种工具，它通过研究用户的兴趣爱好来进行个性化推荐。它与搜索引擎的不同在于，它不需要用户提供输入目标，而是基于历史记录自动推荐，是一种主动的机制。它能够通过分析用户的历史行为来对用户的兴趣进行建模，从而主动给用户推荐可满足他们兴趣和需求的信息。每个用户所得到的推荐信息都是与自己的行为特征和兴趣有关的，而不是笼统的大众化信息，因此称之为"个性化"。

关于推荐引擎的工作原理，首先它需要得到一些基本信息，主要包括：

(1) 要推荐的内容的元数据，如关键字。

(2) 用户的基本信息，如性别、年龄、职业。

(3) 用户的偏好，偏好信息又可以分为显式用户反馈和隐式用户反馈。显式用户反馈是用户在网站上自然浏览或者使用网站以外，显式地提供的反馈信息，如用户对物品的评分或者对物品的评论等。

　　隐式用户反馈是用户在使用网站时产生的数据,隐式地反映了用户对物品的喜好,如用户购买了某物品,用户查看了某物品的信息,用户在某页面停留的时间等。推荐引擎通过对这些信息的统计分析关联,再给用户个性化地推荐相应物品或信息。

　　对于当前大部分的推荐机制可以进行以下分类:

　　(1) 基于人口统计学的推荐,即根据用户个人的基本数据信息来发现用户的相关程度。

　　(2) 基于内容的推荐,即根据不同内容的元数据进行内容相关性的分析。

　　(3) 根据协同过滤的推荐,通过对用户偏好信息的过滤发现不同内容的相关性或者不同用户的相关性。

　　这些数据挖掘相关技术已经在很多领域取得了成就,譬如推荐系统应用的鼻祖Amazon,就是通过消费偏好对比以及一些混合手法来对用户进行精准的页面推荐,现在的淘宝、京东、天猫等电商平台显然也采用了这种方式进行个性化推荐。个性化的流量分配可以最大化流量的使用效率,这使得它们的获客成本居高不下。

　　电商领域的个性化推荐也面临以下挑战:由于推荐是基于已有信息对用户意图与心理进行的猜测,及时识别用户每个行为背后的真实意图,甚至每个页面、每个标题对用户心理的影响就十分重要,这些关键的影响因素可能是一张购物券、一张明星街拍、一个偶遇的促销活动,尤其是激情消费易发的当下。这里面涉及较为复杂的用户购物状态的推理和判定,如果不借助人工输入,比如通过产品设计提供用户筛选接口,让用户人工输入限制项,典型的比如过滤器、负反馈等,则对目前的机器算法来说是一个非常大的挑战。

　　还有一个问题是用户体验问题。这些平台,乃至个性化推荐的算法,本质上都是为了用户服务的。可以看到,常常被抱怨的体验问题包括买了还推,推荐商品品类单一,没有让人眼前一亮的商品能满足一下发现的惊喜等,不一而足。往往这些体验问题的解决都需要人工规范的干预,但凡有规则的介入,比如加入购买过滤、类目打散展示等策略,都会造成交易类指标的下降,平衡两者之间的关系对推荐系统是一个现实的挑战。

　　个性化推荐在其他领域的应用也面临着类似的问题。例如基于人口统计学的推荐机制基于用户的基本信息对用户进行分类的方法过于粗糙,尤其是对品位要求较高的领域,如图书、电影和音乐等领域,无法得到很好的推荐效果。基于内容的推荐需要对物品进行分析和建模,推荐的质量依赖于物品模型的完整和全面程度;对于物品相似度的分析仅依赖于物品本身的特征,而没有考虑人对物品的态度;因为是基于用户以往的历史做出推荐,所以对于新用户有"冷启动"的问题等。还有协同推荐的效果过于依赖用户历史偏好数据的多少和准确性;对于一些特殊品位的用户不能给予很好的推荐;由于以历史数据为基础,因此抓取和建模用户的偏好后,很难修改或者根据用户的使用进行演变,从而导致这个方法不够灵活。

　　当然,现在大多流行的是混合型推荐,可能把一种推荐机制的输出当作输入送入另一种机制中,或者把不同机制得到的推荐结果都推荐给用户,这些也是能够有效提高推荐效果的。

随着推荐技术的研究和发展,其应用领域越来越多。例如,新闻推荐、商务推荐、娱乐推荐、学习推荐、生活推荐、决策支持等。推荐方法的创新性、实用性、实时性、简单性也越来越强。例如,上下文感知推荐、移动应用推荐、从服务推荐到应用推荐。下面分别分析几种技术的特点及应用案例。

1. 新闻推荐

新闻推荐包括传统新闻、博客、微博、RSS 等新闻内容的推荐,一般有以下 3 个特点:

(1) 新闻的事件时效性很强,更新速度快。

(2) 新闻领域的用户更容易受流行和热门的事件影响。

(3) 新闻领域推荐的另一个特点是新闻的展现问题。

2. 电子商务推荐

电子商务推荐算法可能会面临各种难题,例如:①大型零售商有海量的数据、数以千万计的顾客以及数以百万计的登记在册的商品;②实时反馈需求,在半秒之内,还要产生高质量的推荐;③新顾客的信息有限,只能以少量购买或产品评级为基础;④老顾客信息丰富,以大量购买和评级为基础;⑤顾客数据不稳定,每次的兴趣和关注内容差别较大,算法必须对新的需求及时响应。

解决电子商务推荐问题通常有 3 个途径:协同过滤、聚类模型以及基于搜索的方法。

3. 娱乐推荐

音乐推荐系统的目标是基于用户的音乐口味向终端用户推送喜欢和可能喜欢但不了解的音乐。而音乐口味和音乐的参数设定是受用户群特征和用户个性特征等不确定因素影响的。例如对年龄、性别、职业、音乐受教育程度等的分析能够帮助提升音乐推荐的准确度。部分因素可以通过使用类似 FOAF 的方法来获得。

总而言之,个性化推荐是日常生活中最能体现数据挖掘的应用实例之一,人们对它的研究已经很多年了,而且还将基于社会文化的不断变迁继续发展下去。

5.11 数据挖掘技术在证券行业中的应用

在券商企业多年来的运营中,积累了大量投资者真实的第一手买卖金融产品数据,近年互联网金融的发展加速了各类运营数据的产生,也让数据真正成为价值的核心,数据成为数据资产。数据资产的战略意义不在于掌握庞大的数据信息,而在于对这些含有意义的数据进行分析和挖掘,找出其中蕴含的价值,助推证券行业的业务创新、服务创新、产品创新。本节在简要介绍数据挖掘技术的基础上,探讨证券数据挖掘的方法论和挖掘方向,并结合华泰证券的数据挖掘实践证明,数据分析和挖掘确能给企业的业务发展提供有益的帮助。

证券市场是国家经济的晴雨表,国家经济的细微波动都会在证券市场及时地反映出来。因而证券业的经营对数据的实时性、准确性和安全性的要求都很高。在国内证券行业领域政策日趋开放的大环境下,证券业的竞争也越来越激烈。这就要求证券公司在做分析决策时不仅需要大量数据资料,更需要通过数据发掘其运行规律和未来走势。

数据挖掘技术在证券领域中的应用,就是将证券交易及证券活动中所产生的海量数据及时提取出来,通过清洗和变换,采用分类、聚类、关联分析等方法发现新知识,及时为证券从业人员提供参考咨询服务,分析客户交易行为,掌握企业经营状况,控制证券交易风险,从而帮助从业人员在证券交易中增强决策的智能性和前瞻性。

1. 证券数据挖掘方法论

1) 证券数据的特点

与其他领域的数据相比较,证券数据具有很多特点。

(1) 证券数据具有多样性。作为社会经济系统的一部分,证券系统的数据不仅受客户数据、交易数据、经济数据等的影响,而且受网络信息、心理行为信息的强烈影响,甚至一些主观数据的变化也会导致证券市场的剧烈波动。

(2) 证券数据的关系复杂。证券市场是一个复杂系统,数据之间的关系有时很难用一个简单的数学公式或者线性函数来表示,呈现出高度的复杂性和非线性。

(3) 证券数据具有动态性。证券市场随着时间的推移会发生剧烈变化,但仍受前期市场的影响,呈现出动态特征。

为了更好地研究证券市场,需要利用这些物理数据、网络信息及心理行为信息。由于这些信息是不断变化的,因此形成了一个巨大的数据仓库。证券数据的高度复杂性使得一般的数据建模方法在进行金融数据建模时失效,而数据挖掘方法具有灵活性、自适应性及非线性等特征,因此在处理证券数据时可以达到较好的应用效果。

证券行业的数据仓库是由证券交易过程中的基础数据(主要是数据库数据)组成的。证券行业的基础数据主要包括以下 4 部分。

(1) 业务数据。业务数据包括结算数据、过户数据、交易系统数据。结算数据是由深圳和上海证券登记公司以交易席位为单位发布的证券公司当日资金、股份交收明细以及分红、送股、配股等数据。过户数据是由深圳和上海证券交易所以交易席位为单位发布的证券公司当日投资者买卖证券的过户明细数据。结算数据和过户数据由证券交易所通过地面和卫星网络系统发送到证券公司。交易系统数据是证券公司最重要和最实时的数据。它由交易系统在实时交易中产生,是进行数据挖掘、客户分析、构建 CRM 系统的主要基础数据。

(2) 行情数据。行情数据是由深圳、上海证券交易所在开市期间发布的证券实时交易的成交撮合数据，是进行股市行情分析的关键数据。

（3）证券文本数据。狭义的证券文本数据是指由证券交易所通过证券卫星发送的证券领域有关政策和各股资讯等实时信息。广义的证券文本数据是指由各种传媒方式发布的与证券相关的信息，主要包括卫星、电视、广播、因特网、移动互联网、书刊杂志等传媒方式，其中，因特网和移动互联网是涵盖信息量最多的传媒方式。

（4）用户和客户行为数据。移动互联网及互联网金融的发展使得证券服务的外延得到了很大的扩展，不但证券公司开户的用户能使用证券公司的服务，不在证券公司开户的用户也能通过多种形式（如证券软件、证券互联网、证券移动应用等）获取证券公司提供的部分产品服务。用户和客户在使用这些软件产品的过程中，会产生很多的行为数据，如浏览路径、浏览兴趣、停留时间等。

2）证券数据挖掘方向探索

根据证券业务与数据特点，可以实施的挖掘方向有：客户分析、客户管理、证券营销、财务指标分析、交易数据分析、风险分析、投资组合分析、用户行为分析等。下面简要介绍各个方向的思路。

（1）客户分析及营销。通过数据进行挖掘和聚类分析，可以清晰发现不同类型客户的特征，挖掘不同类型客户的特点，提供不同的服务和产品。反过来，如果我们知道了客户的特征与偏好，有针对性地设计新的产品和服务，势必能获得更好的推广效果。

通过对客户资源信息进行多角度挖掘，了解客户各项指标，掌握客户投诉、客户流失等信息，从而在客户离开券商之前捕获信息，及时采取措施挽留客户。

通过对客户交易行为的分析与挖掘，了解客户的交易行为、方式、风险偏好，从而提升交叉营销的成功率，同时结合挖掘结果，给客户提供更加贴心的服务，提升客户忠诚度。

（2）用户行为分析。通过对证券软件、证券互联网、证券移动终端开放用户使用行为的分析和挖掘，了解用户的兴趣点、访问规律，为用户转换为客户提供目标人群，提高用户转换为客户的成功率；同时，利用访问模型改进软件和网站的布局，提升软件和网站的人性化设计。

（3）市场预测。对股票的基本面、消息面、技术指标等数据进行聚类分析，从而将股票划分为不同的群体，预测板块轮动或未来走势。

根据采集行情和交易数据，结合行情分析，预测未来大盘走势，发现交易情况随着大盘变化的规律，并根据这些规律做出趋势分析，对客户进行针对性咨询。

（4）投资组合。利用数据挖掘技术不仅可以更好地刻画预期的不确定性，改进已有的投资组合模型，使之更加符合现实需求，同时可以为投资组合模型的求解提供更为精确的手段，从而为投资者提供更为精准的知识。

（5）风险防范。通过对资金数据的分析，可以控制营业风险，同时可以改变公司总部原来的资金控制模式,并通过横向比较及时了解资金情况,起到风险预警的作用。

(6) 经营状况分析。通过数据挖掘,可以及时了解营业状况、资金情况、利润情况、客户群分布等重要的信息,并结合大盘走势,提供不同行情条件下的最大收益经营方式。同时,通过对各营业部经营情况的横向比较,以及对本营业部历史数据的纵向比较,对营业部的经营状况做出分析,提出经营建议。

3) 华泰证券数据挖掘实施业务流程

华泰证券数据挖掘实施业务流程如下:

(1) 项目背景和业务分析需求提出。

针对需求收集相关的背景数据和指标,与业务方一起熟悉背景中的相关业务逻辑,并收集业务方对需求的相关建议、看法,这些信息对于需求的确认和思路的规划乃至后期的分析都是至关重要的。从数据分析的专业角度评价初步的业务分析需求是否合理,是否可行。

(2) 制定需求分析框架和分析计划。

针对前面对业务的初步了解和需求背景的分析,我们制定了以下初步的分析框架和计划:分析需求转换成数据分析项目中目标变量的定义,分析思路的大致描述,分析样本的数据抽取规则,根据目标变量的定义选择一个适当的时间窗口,然后抽取一定的样本数据,潜在分析变量(模型输入变量)的大致圈定和罗列,分析过程中的项目风险思考和主要应对策略,项目落地应用价值分析和展望。

(3) 抽取样本数据,熟悉数据,数据预处理。

根据前期讨论的分析思路和建模思路,以及初步圈定的分析字段(分析变量)编写代码,从数据仓库中提取分析、建模所需的样本数据;通过对样本数据的熟悉和摸底,找到无效数据、脏数据、错误数据等,并且对样本数据中存在的这些明显的数据质量问题进行清洗、剔除、转换,同时视具体的业务场景和项目需求,决定是否产生衍生变量,以及怎样衍生等。

(4) 按计划初步搭建挖掘模型。

对数据进行初步的摸底和清洗之后,就进入初步搭建挖掘模型阶段了。在该阶段,包括3个主要的工作内容:进一步筛选模型的输入变量;尝试不同的挖掘算法和分析方法,并比较不同方案的效果、效率和稳定性;整理经过模型挑选出来的与目标变量的预测最相关的一系列核心输入变量,将其作为与业务方讨论落地应用的参考和建议。

(5) 讨论模型的初步结论,提出新的思路和模型优化方案。

整理模型的初步报告、结论,以及对主要预测字段进行提炼,还要通过与业务沟通和分享,在此基础上讨论出模型的可能优化方向,并对落地应用的方案进行讨论,同时罗列出注意事项。

(6) 按优化方案重新抽取样本并建模,提炼结论并验证模型。

在优化方案确定的基础上，重新抽取样本，一方面验证之前优化方向的猜想，另一方面尝试搭建新的模型提升效果。模型建好后，还不能马上提交给业务方进行落地应用，还必须用最新的实际数据来验证模型的稳定性。如果通过相关验证得知模型的稳定性非常好，那么无论对模型的效果还是项目应用的前景，都有比较充足的底气了。

（7）完成分析报告和落地应用建议。

在上述模型优化和验证的基础上，我们提交给业务方一份详细完整的项目结论和应用建议。该建议包括以下内容：

- 模型的预测效果和效率，以及在最新的实际数据中验证模型的结果，即模型的稳定性。
- 通过模型整理出来的可用作运营参考的重要自变量及相应的特征、规律。
- 数据分析师根据模型效果和效率提出的落地应用的分层建议，以及相应的运营建议，包括：预测模型打分应用基础上进一步的客户特征分层建议、相应细分群体运营通道的选择建议、运营文案的主题或噱头建议、运营引导方向和目的建议、对照组与运营组设置建议、效果监控方案等。

数据分析师进一步的相关建议如下。

① 制定具体的落地应用方案和评估方案。

与业务方讨论，确定最终的运营方案及评估方案。业务方实施落地应用方案并跟踪、评估效果，按照上述的运营和监控方案对运营组和对照组进行分层的精细化运营，取一段时间如一周的运营结论，主要从两个方面来衡量：一是预测模型的稳定性评测；二是运营效果。

② 落地应用方案在进行实际效果评估后，不断修正完善。

通过对第一次运营效果的评估和反思，从正反两个方面进行总结，如果模型稳定性好，有较好的预测效果，那么可以放心使用模型，优化运营方案。

③ 不同运营方案的评估、总结和反馈。

根据实际情况制定多种运营方案，监控不同运营方案的执行情况及效果。

2. 华泰证券数据挖掘实践

华泰证券一直重视数据资产的价值发现，在数据分析与挖掘方面做了很多的技术储备和实践。在对华泰证券某集合理财产品的销售数据分析中，我们通过数学方法结合数据挖掘软件建立了预测模型，验证了模型的有效性，并且通过模型获得了很好的预期提升效果。主要步骤如下。

1）数据准备

首先，确定合适的观察期。在从数据中心提取观察期内的原始数据后，进行数据预处理，例如剔除资产过小的客户、剔除长时间无主动交易的客户、剔除机构客户等，得到规模为 50 多万条记录的初始数据集。

2）变量分析与数据抽样

由于初始数据集是一个包含较多属性的宽表，因此，为了选取主要变量，舍弃无关变量，减少变量数目，以利于实施数据挖掘算法，我们进行了以下的变量分析处理：

（1）对属性定义一个被称为信息值（Information Value，IV）的变量，计算每个属性的信息值。该值越大，表示对结果的影响越大，该变量越重要；该值越小，则认为可舍弃该变量。

（2）为应用 Logistic 分析，将上述步骤中的连续性变量进行分段，再一次计算信息值并舍弃区分度不高的变量。

（3）利用 Stepwise Logistic 方法结合默认的概率值确定入选变量和剔除变量。

（4）对变量进行主成分分析，进一步挑选较少个数的重要变量。

（5）在确定入选变量后，将数据集按比例分为建模数据集与验证数据集，并对建模数据集进行过抽样，以减少建模记录数并提高事件率，验证数据集则用于对将要生成的模型进行验证。

3）建立模型

针对上述建模数据集，采用 Logistic 回归建模，将结果输出至结果集。

4）模型验证与结果展示

对验证集进行单因子非参数方差分析，即 nparlway 过程，得到 K-S 检验值 0.619，大于 0.05，则可认为验证集服从建模集的数据分布，即由建模集生成的模型是有效的。

随着互联网、移动互联网的发展，证券行业信息化的应用环境正在发生着深刻的变化，外部数据迅速扩展，企业应用和互联网应用的融合越来越快。互联网金融给证券行业带来的传统价值创造和价值实现方式的根本性转变，让数据分析和挖掘逐步走向证券业务发展和创新的前台。相信随着金融互联网的多样化，证券行业内外数据的不断完备，数据分析和挖掘将在证券行业的运用越来越广泛，并成为证券公司数据化运营的一部分。

5.12　数据挖掘技术在钢铁行业质量管理中的应用

钢铁行业是一个资源密集型、资金密集型行业，其生产过程主要呈现出生产流程长、自动化程度高、质量要求高的特点。一方面，我国钢铁行业由高速发展转向高质量发展阶段，在环保、质量等多方面均有更高的要求。另一方面，由于钢铁行业市场需求转变，生产特点逐渐由传统的大规模批量生产向多品种小批量定制开发模式转变。这导致钢铁企业的产品设计、原材料选择、质量把控等产品生产的质量管理周期进一步缩短，因此钢铁产品质量管理凸显出越来越重要的作用。

随着云计算、大数据、物联网等新兴技术的不断发展成熟，基于工业大数据构建全流程质量管理体系,对生产过程中的质量数据进行收集、存储、分析、预警等,深入挖掘产品质量相关信息,发现隐匿在数据背后的一些规律性、趋势性关系,可以更加科学地指导产品生产、质量标准修订以及其他产品质量管理工作。因此,运用大数据技术推进企业全面质量管理日益受到钢铁行业的青睐。

1. 钢铁质量管理存在的问题

产品质量管理是随着现代化生产的发展而逐步形成和发展起来的,目前已经发展到全面质量管理阶段,由企业的全体人员参加,运用现代化科学和管理技术,预先把整个生产过程中影响产品质量的各种因素加以控制,从而保证和提高产品质量,使用户得到最满意的产品。在产品质量管理过程中,存在着大量未能充分挖掘的数据价值,造成钢铁行业质量大数据资源的浪费。其存在的问题主要有信息孤岛、数据质量低下、存储机制落后、数据价值利用低等。

1) 数据采集信息孤岛问题严重

目前,大部分钢铁企业都在产线上加装了各类传感器、监测仪等相关设备,以实现生产过程的相关参数检测和数据存储。但是,由于受缺乏统筹、分步上线以及传统信息技术限制等因素的影响,各产线往往建有单独的数据收集系统,且各系统之间缺乏有效的相互沟通及数据共享,造成上下游数据孤岛问题严重。下游生产环节无法及时得到上游质量数据,造成生产成本、废品率居高不下。因此,质量数据的生产全流程管控、上下游数据充分共享对于建设大数据质量分析具有非常重要的作用。

2) 数据质量控制面临巨大挑战

在数据质量方面,钢铁行业的质量大数据存在着大数据的普遍特征,即"二八定律",也就是 20% 的结构化数据占有 80% 的价值,而 80% 的非结构化数据占有 20% 的价值。在工业大数据的收集、处理过程中,由于数采系统链路、硬件故障、人为因素等主客观因素的影响,数据质量问题广泛存在。这些数据质量问题可能导致大数据分析结果的偏差,从而不利于质量管理的有效分析。

3) 海量数据无法确保有效存储

钢铁行业内各种状态监测仪器逐渐向多功能、系统化、智能化方向发展。随之产生的大量生产质量数据,如铁水含量、高炉温度、气体含量、加热温度、轧材规格、轧材硬度等,正以极快的速度迅速增长(以每秒为单位进行测量),传统的关系数据库和集中式文件管理效率已经无法实现对海量数据的有效保存与查询、计算的功能。因此,为了实现海量数据下的质量数据分析和挖掘,需要对钢铁行业传统的数据存储技术进行更新和优化。

4) 数据价值尚未得到充分挖掘

智能制造时代,数据已成为企业最优价值的资产。虽然我国钢铁企业基础自动化水平较高,数据收集仪器较全,但是大部分企业只是将海量质量数据作为产品缺陷的追溯基础,无法为自身带来可视的经济效益。由于对于数据的重要性并未得到充分的认识,导致大量数据遗失。此外,数据的利用也呈现出单一化、局部化的趋势,因此数据价值无法得到充分的挖掘。

2. 钢铁质量大数据相关技术

质量大数据是指具有能够反映质量特性的各类数据,钢铁行业质量大数据是在目前质量数据的基础上拓展到大数据范畴,范围涵盖产品研发、工艺设计、生产过程等产品的全生命周期。其主要特点及相关应用技术与工业大数据相似,具有数据量巨大(Volume)、数据处理速度快(Velocity)、数据多样性(Variety)和数据价值密度小(Veracity)的特征。此外,钢铁行业质量大数据的收集特点、数据结构等方面的特点还表现在:数采设备繁多,数据流通协议复杂;以结构化数据为主,声音、图像等非结构化数据较少;非正常数据较多,数据降噪困难。

大数据技术在钢铁行业质量管理方面应用的主要技术包括数据采集、数据处理、数据分析和数据展示。

数据采集是大数据应用的前提条件,钢铁行业质量大数据的采集涵盖产品设计、研发、采购、生产的全流程,需要对产品全生命周期的质量信息进行全面精细采集,以得到尽可能完整的数据云,从而为数据的处理提供必要基础。

数据处理针对数据采集信息的可用性及边际价值进行必要的清洗,及时准确地分辨信息是否与质量管理工作相关,并确定其相关程度,剔除一些无关紧要的数据,保证相关性较高的数据。

数据分析的主要目的是针对不同的分析目标,从多个方向、多个维度对产品质量数据进行分析,以得到相关设备、工艺、人为因素等多方面的分析结果,进而为数据展示提供必要的数据支撑。另外,还可根据不同的使用目的建立产品质量数据平台,对产品整体的质量控制过程进行相对真实和完善的还原,并进行可信度较高的信息预测。

数据展示主要是针对不同的用户利用 Highcharts、Tableau、JpGraph 等相关可视化工具进行关键指标、历史趋势、预测效果等维度的展示。

3. 数据挖掘在钢铁质量管理中的应用前景

质量大数据管理的应用能够有效提高全面质量管理水平,保证全流程生产管控的协调一致。大数据在钢铁行业质量管理中的应用主要体现在生产过程检测、趋势预测、原因分析等智能模型的应用上,做到事前质量异议风险预测、事中关键环节生产监控、事后质量数据全流程追溯。

1)数据质量优化改进

质量大数据的质量控制体系是一项复杂的系统工程,涉及管理、技术和流程三大方面的因素。由于钢铁行业质量大数据呈现出生产过程复杂、采集设备繁杂、通信机制众多、异常数据占比大的特点,因此对于钢铁行业质量大数据的质量提升是大数据处理的必然前提。可以从以下 3 个方面提高质量大数据的数据质量。

(1) 高质量感知数据。

明确设备对质量数据检测的要求,减少多读、漏读、误读的情况。预先设定机器读取数据的标准,采用更加先进的检测设备,从而在设备读取质量数据的过程中减少冗余数据的产生。

(2) 高效数据清洗机制。

在处理设备读取数据的过程中,可通过基于规则发现、关联分析、聚类分析、偏差检测等多种方式发现异常的质量数据,并通过机器学习、冲突数据检测、规则学习等方式删除、修复异常的数据。

(3) 建立数据采集标准。

坚持以应用为导向,从数据质量定义、数据质量评价、数据质量分析及数据质量改进等方面进行闭环管理,从而达到数据质量管理的持续优化。

2) 质量异议风险预测

无所不在的传感器、互联网技术的引入使得产品故障实时诊断变为现实,大数据应用与建模、仿真技术的结合则使得预测成为可能。利用大数据技术对产品生产过程中的质量数据进行实时评估,从而能够将事后质量管理转移至事前预测,从而有效地降低企业生产成本。质量异议风险评估主要包含两个部分,分别是质量异议严重程度预测和质量异议发生概率预测。质量异议严重程度是指针对预测可能发生的质量异议的风险程度的评估,是发生的质量异议不足以影响销售、产品降级为二级品、产品发生重大质量异议不能销售等量化后的结果。质量异议发生概率是指在以往产品生产过程中,生产的实际总数量与发生质量异议的产品的数量之间的比例的统计量。质量预测在炼钢生产过程中具有诸多应用场景,如转炉终点磷含量预测、设备状态监测与维护预测、基于聚类分析的新钢种变形抗力预测等。

产品质量异议的风险评估能够有效地帮助企业提高风险预警能力,将不合格品的数量有效地控制在较低范围内,从而提高企业的生产管理水平,降低生产成本。

3) 关键环节生产监控

生产环节监控能够有效地掌握生产现状,起到质量管理的事中检测与管控的作用。一方面,通过运用大数据快速获取、处理、分析的能力,为生产管理人员提供可视化交互引擎、人机交互管控模式、可视化关键信息展示。另一方面,通过传感器网络将生产过程监控与企业运营联系起来,在加工过程中尽早发现存在的质量波动,并通过生产和企业运作的匹配尽早做出反应,实现对最优企业运作的预期并自动调整生产流程。

在钢铁制造过程中,各工序生产环节复杂,每个环节的工艺参数设置较多,造成生产过程中诸多产品缺陷的可能性,如擦伤、温度过高、边裂、划痕等。通过大数据挖掘构建一个集成多方面的生产缺陷识别模型,利用图像处理、成分检测等技术分析缺陷类型及原因,及时发现不合格品。在此方面的应用已逐渐发展成熟,如智能缺陷系统检测技术、转炉炉衬侵蚀动态监视技术、转炉炼钢终点精准控制技术等。

4) 全流程质量数据管理

全流程质量数据管理系统采用在线质量管理与离线质量管理相结合的方式,实现在线对生产过程工艺数据、性能数据的监控、质量决策,离线质量追溯和质量趋势分析。全流程质量数据管理涵盖铁水生产、炼钢、铸机、轧钢等钢铁企业生产的全流程的工艺数据、质量数据、生产数据的采集和存储等,实现对数据的抽取、集成、展示,从而为每一批次钢种的质量分析、质量追溯、质量决策提供有力的数据支撑。

习题

1. 网络数据挖掘有什么特点?
2. 数据挖掘如何应用于企业的 CRM 系统中?
3. 在电信业中应用数据挖掘技术可以挖掘哪些有价值的信息?
4. 数据挖掘如何在金融行业中进行风险评估? 试举例说明。
5. 数据挖掘技术如何应用到交通领域?
6. 通过实例分析数据挖掘技术在信用卡业务中的应用。

第  章

数据挖掘的研究方向和发展趋势

观看视频

【本章要点】

1. 数据挖掘的主要研究方向。

2. 数据挖掘的未来发展趋势。

6.1 研究方向

数据挖掘作为一个跨学科主题,它是用人工智能、机器学习、统计学和数据库交叉的方法在相对较大型的数据集中发现模式的计算过程。其目标是从数据集中提取信息并将其转换成可理解的结构,以进一步分析使用。本节主要介绍数据挖掘的研究方向。

6.1.1 处理不同类型的数据

绝大多数数据库是关系型的,因此在关系数据库上有效地执行数据挖掘是至关重要的。但是在不同应用领域中存在各种数据和数据库,而且经常包含复杂的数据类型,例如结构数据、复杂对象、事务数据、历史数据等。由于数据类型的多样性和不同的数据挖掘目标,一个数据挖掘系统不可能处理各种数据。因此,针对特定的数据类型,需要建立特定的数据挖掘系统。

6.1.2 数据快照和时间戳方法

现实数据库通常是庞大、动态、不完全、不准确、冗余和稀疏的,这给知识发现系统提

出了许多难题。数据库中数据的不断变化造成先前发现的知识很快过时,利用数据快照和时间戳方法可解决这一问题。前者适用于阶段性搜集的数据,但需要额外空间存储快照。数据的不准确性使知识挖掘过程需要更强的领域知识和更多的抽样数据,同时导致发现结果不正确;不完全数据包括缺少单个记录的属性值或缺少关系的字段;重复出现的信息称为冗余信息,为避免将对用户毫无意义的函数发现作为知识发现的结果,系统必须了解数据库的固有依赖。另外,数据的稀疏性和不断增加的数据量增加了知识发现的难度。

6.1.3　数据挖掘算法的有效性和可测性

海量数据库通常有上百个属性和表及数百万个元组。吉字节(GB)量级的数据库已不鲜见,太字节(TB)量级的数据库已经出现,高维大型数据库不仅增大了搜索空间,还增加了发现错误模式的可能性。因此,必须利用领域知识降低维数,去除无关数据,从而提高算法效率。从一个大型数据库中抽取知识的算法必须高效、可测量,即数据挖掘算法的运行时间必须可预测,且可接受,指数和多项式复杂性的算法不具有实用价值。但当算法用有限的数据来寻找特定模型的合适参数时,有时会增加时延,降低算法的执行效率。

6.1.4　交互性用户界面

数据挖掘的结果应准确地描述数据挖掘的要求,并易于表达。从不同的角度考察发现的知识,并以不同形式表示,用高层次语言和图形界面表示数据挖掘的要求和结果。目前许多知识发现系统和工具缺乏与用户的交互,难以有效利用领域知识,对此可以利用贝叶斯方法和演绎数据库本身的演绎能力发现知识。

6.1.5　在多抽象层上交互式挖掘知识

由于很难预测从数据库中会挖掘出什么样的知识,因此一个高层次的数据挖掘查询应作为进一步探询的线索。交互式挖掘使用户能交互地定义一个数据挖掘要求,深化数据挖掘过程,进而从不同角度灵活看待多抽象层上的数据挖掘结果。

6.1.6　从不同数据源挖掘信息

局域网、广域网以及 Internet 将多个数据源联成一个大型分布、异构的数据库,从包含不同语义的格式化和非格式化数据中挖掘知识是对数据挖掘的一个挑战。数据挖掘可揭示大型异构数据库中存在的普通查询不能发现的知识。数据库的巨大规模、广泛分布及数据挖掘方法的计算复杂性，要求建立并行分布的数据挖掘。

6.1.7　私有性和安全性

数据挖掘能从不同角度、不同抽象层上看待数据，这将影响数据挖掘的私有性和安全性。

知识发现可能导致对于私有权的入侵，研究采取哪些措施防止暴露敏感信息是十分重要的。当从不同角度和不同抽象级上观察空间数据时，数据安全性将受到严重威胁。通过研究数据挖掘导致的数据非法侵入，可改进数据库安全方法，以避免信息泄露。

6.1.8　和其他系统的集成

方法功能单一的发现系统的适用范围必然受到一定的限制。要在更广泛的领域发现知识，系统就应该是数据库、知识库、专家系统、决策支持系统、可视化工具、网络等技术的集成。

数据挖掘是一个完整的过程，而不是单纯的某一个算法或者其中的几个算法简单混合就可以的。将数据挖掘应用到实战演练的过程中，还是需要将数据挖掘与其他领域和系统有条理地集成，而不能理解成单独的一个算法就足以解决一个问题，进而最大化地体现数据挖掘的优势。

6.1.9　Internet 上的知识发现

从 WWW 信息的海洋中可以发现大量的新知识，已有资源发现工具可以发现含有关键值的文本。Han 等提出利用多层次结构化方法，通过对原始数据的一般化，构造多层次的数据库。知识发现的过程可粗略地理解为：数据准备(Data Preparation)、数据挖掘(Data Mining)以及结果的解释评估(Interpretation and Evolution)。数据挖掘算法的好坏将直接影响所发现知识的好坏。目前大多数的研究都集中在数据挖掘算法和应用上。需要说明的是，有的学者认为，数据开采和知识发现的含义相同，表示成 KDD/DM。它是一个反复的过程，通常包含多个相互联系的步骤：预处理、提出假设、选取算法、提取规则、评价和解释结果、将模式构成知识，最后是应用。

6.2　发展趋势

6.2.1　挖掘分布式、异质、遗留数据库

当前数据挖掘中,研究比较多的是在同一种数据源中进行挖掘工作,然而实际情况是将不同类型的数据放在一起综合考虑,并从异种类型的数据中发现潜藏的模式和规律,挖掘分布式、异质、遗留数据库成为一大发展趋势。

1. 分布式数据库

分布式数据库主要包括:Elasticsearch 数据库,可以存在单个节点或多个节点; Redis 数据库,支持丰富的数据类型;MongoDB 数据库,能够更便捷地获取数据; MySQL 分布式集群,具有高可用性。系统中包含多个数据库,且各个数据库之间有一定联系。主要功能包括:分布式查询处理、分布式事务管理、分布式元数据管理以及多节点上增强的安全性和完整性管理。

2. 异质数据库

异质数据库通常包含不同的数据模板、框架、查询处理技术、查询语言、事务管理技术、语义、完整性和安全问题,在不同类型的数据库之间进行数据挖掘。为了解决异质数据库的协同性问题,可以将数据库进行联合,形成一种合作、自治的集合,对于有可能是异构的数据库系统建立属于一个或多个联合的集合,并且彼此进行通信。

3. 遗留数据库的迁移

异构数据库环境中可能同时包括历史遗留数据库和新一代数据库系统,在多数情况下,一个组织希望将历史遗留数据库系统迁移到新的体系结构中,遗留数据库的迁移可以采用增进式动态迁移,随着遗留系统的迁移,新增的部分必须与原有部分协同工作。

6.2.2　多媒体数据挖掘

多媒体数据挖掘是多媒体和数据挖掘的结合,是一个新的研究方向,一些概念和方法正在形成之中,对多媒体数据进行挖掘并且实现智能化信息检索是未来发展的需求,随着多媒体数据挖掘的不断发展,将对人们的日常生活产生巨大的影响。

1. 文本数据挖掘

多媒体文本数据挖掘是指从大量的多媒体文本数据中发现有意义的模式过程。多媒体文本数据挖掘过程是先将多媒体文本数据结构化后,再对结构化数据采用数据挖掘

方法。文本挖掘从功能上可以分为总结、分类、聚类、趋势预测等。

2. 图像数据挖掘

图像数据挖掘是多媒体数据挖掘的一个分支，可以广泛应用于图像检索、医学影像诊断分析、卫星图片分析、地下矿藏预测等领域，其挖掘方法和原型结构存在着巨大的改进空间。图像挖掘的一般过程是：先运用图像处理技术从图像中抽取代表结构化内容的特征，再利用图像处理和数据挖掘方法获取元数据建立特征库和知识库，最后根据具体的挖掘任务，在知识库的引导下，完成对图像内容的分析、索引、摘要、分类、聚类、关联分析等。

3. 视频数据挖掘

视频数据挖掘技术是对所挖掘的视频数据库中的数据不进行任何前提假设，完全依赖在数据处理过程中获得的关于图像内容、物体结构特征、运动方式等特点，并根据这些信息在空间和时间上的变化所反映出的内在本质联系，采用已成熟的传统的数据挖掘方法来发现挖掘对象中存在的、未知的、有意义的结构模式、行为模式、事件模式等知识。

4. 音频数据挖掘

音频数据挖掘利用音频信号来指示数据的模式或数据挖掘结果的特征。通过将模式转换为声音和沉思，我们可以听音调和曲调，而不是看图片，以识别任何有趣的东西。

5. 挖掘综合类型

在许多实际应用领域，需要处理的数据大部分是混合类型的。最常见的混合类型的数据是混合了数值型属性和符号型属性的数据。如何针对混合属性数据进行数据挖掘已经成为一个极富挑战性的问题。有专家已采用粗糙集理论对混合数据挖掘方法展开研究。研究内容包括不完备信息系统中对象的相似性刻画方法、混合数据的特征选择与样本选择、混合数据的不平衡分类方法与异常值检测方法。

6.2.3　对知识发现方法的应用

例如，近年来注重对 Bayes(贝叶斯)方法以及 Boosting 方法的研究和提高，传统的统计学回归法在 KDD 中的应用，KDD 与数据库的紧密结合。在应用方面包括：KDD 商业软件工具不断产生和完善，注重建立解决问题的整体系统，而不是孤立的过程。用户主要集中在大型银行、保险公司、电信公司和销售业。国外很多计算机公司非常重视数据挖掘的开发应用，IBM 和微软都成立了相应的研究中心进行这方面的工作。此外，一些公司的相关软件也开始在国内销售，如 Platinum、BO 以及 IBM。

6.2.4 数据挖掘的安全和隐私问题

由于网络技术的飞速发展,网络黑客、网络病毒大肆泛滥,必然带来数据挖掘的安全性问题。另外,当消费者感觉到他们的个人信息被非授权使用、滥用甚至出卖时,他们会感到他们的个人隐私受到了严重侵害。例如,在西方有的警察为了防止来自罪犯的报复,往往要注意保护自己的家庭地址和电话号码不被泄露,但当他的新生婴儿在医院出生后,医院可能会将相应的信息出卖给专营新生儿用品或服务的公司,使他全然失去安全感。也许当你用信用卡为你妻子的妇科诊疗付费后,你回家后会收到来自保险公司的妇科保险征订单、来自厂商的妇科保健用品广告等,你会有什么感受? 正是由于这种状况,在有些发达国家,许多人认为政府和商业机构对他们个人的事知道得太多了,为此,他们宁可放弃使用信用卡消费。

习题

1. 简述数据挖掘的主要研究方向。
2. 数据挖掘的发展趋势主要有哪些?
3. 多媒体数据挖掘包含哪些方面? 各有何特点?

第 **7** 章

Python数据挖掘实操案例

观看视频

本章介绍一个 Python 数据挖掘的实操案例,用 Python 决策树算法分析天气、周末和促销活动对销量的影响。

7.1　实验目的

(1) 掌握决策树的计算原理。
(2) 掌握利用决策树分析商品销量的影响因素。

7.2　实验原理

1. 决策树的基本认识

决策树是一种依托决策而建立起来的树。在机器学习中,决策树是一种预测模型,代表的是一种对象属性与对象值之间的映射关系,每一个节点代表某个对象,树中的每一个分叉路径代表某个可能的属性值,而每一个叶节点则对应从根节点到该叶节点所经历的路径表示的对象的值。决策树仅有单一输出,如果有多个输出,那么可以分别建立独立的决策树以处理不同的输出。

决策树(Decision Tree)是一个树结构(可以是二叉树或非二叉树)。其每个非叶节点表示一个特征属性上的测试,每个分支代表这个特征属性在某个值域上的输出,而每个叶节点存放一个类别。使用决策树进行决策的过程就是从根节点开始,测试待分类项中相应的特征属性,并按照其值选择输出分支,直到到达叶节点,将叶节点存放的类别作为决策结果。

决策树是功能强大且相当受欢迎的分类和预测方法,它是一种有监督的学习算法,以树状图为基础,其输出结果为一系列简单实用的规则,故得名决策树。决策树就是一系列的 if-then 语句,它可以用于分类问题,也可以用于回归问题。本节主要讨论分类决策树。

决策树模型基于特征对实例进行分类,它是一个树状结构。决策树的优点是可读性强,分类速度快。学习决策树时,通常采用损失函数最小化原则建立决策树模型。预测时,对于新的数据,利用决策树模型进行分类。决策树学习通常包括 3 个步骤:特征选择、决策树的生成和决策树的修剪。

决策树最重要的是决策树的构造。所谓决策树的构造,就是进行属性选择度量,确定各个特征属性之间的拓扑结构。构造决策树的关键步骤是分裂属性。所谓分裂属性,就是在某个节点处按照某一特征属性的不同划分构造不同的分支,其目标是让各个分裂子集尽可能地"纯"。尽可能地"纯"就是尽量让一个分裂子集中的待分类项属于同一类别。分裂属性分为 3 种不同的情况:

(1)属性是离散值且不要求生成二叉决策树。此时用属性的每一个划分作为一个分支。

(2)属性是离散值且要求生成二叉决策树。此时使用属性划分的一个子集进行测试,按照"属于此子集"和"不属于此子集"分成两个分支。

(3)属性是连续值。此时确定一个值作为分裂点 split_point,按照大于 split_point 和小于或等于 split_point 生成两个分支。

信息论中有熵(Entropy)的概念,表示状态的混乱程度,熵越大越混乱。熵的变化可以看作是信息增益,决策树 ID3 算法的核心思想是以信息增益度量属性选择,选择分裂后信息增益最大的属性进行分裂。

设 D 为用(输出)类别对训练元组进行的划分,则 D 的熵表示为:

$$\text{info}(D) = -\sum_{i=1}^{m} p_i \log_2(p_i)$$

其中 p_i 表示第 i 个类别在整个训练元组中出现的概率,一般来说会用这个类别的样本数量在总量中的占比来作为概率的估计,熵的实际意义表示是 D 中元组的类标号所需要的平均信息量。

如果将训练元组 D 按属性 A 进行划分,则 A 对 D 划分的期望信息为:

$$\text{info}_A(D) = \sum_{j=1}^{v} \frac{|D_j|}{|D|} \text{info}(D_j)$$

于是,信息增益就是两者的差值:

$$\text{gain}(A) = \text{info}(D) - \text{info}_A(D)$$

ID3 决策树算法就用到上面的信息增益,在每次分裂的时候贪心选择信息增益最大的属性,作为本次分裂的属性。每次分裂就会使得树长高一层。这样逐步生产下去,就一定可以构建一棵决策树。

2. ID3 算法介绍

ID3 算法是决策树的一种,它基于奥卡姆剃刀原理,即尽量用较少的东西做更多的事。ID3 算法即 IterativeDichotomiser3,迭代二叉树 3 代,是 Ross Quinlan 发明的一种决策树算法。这个算法的基础就是上面提到的奥卡姆剃刀原理,越小型的决策树越优于大型的决策树,尽管如此,生成的树状结构也不总是最小的,而是一个启发式算法。

在信息论中,期望信息越少,信息增益就越大,从而纯度就越高。ID3 算法的核心是信息熵,在决策树各级节点上选择属性时,用信息增益作为属性的选择标准,使得在每一个非叶节点进行测试时,能获得关于被测试记录最大的类别信息。认为增益高的是好属性,易于分类。每次划分选取信息增益最高的属性作为划分标准,进行重复,直至生成一个能完美分类训练样例的决策树。

具体方法是:从根节点(Root Node)开始,对节点计算所有可能的特征的信息增益,选择信息增益最大的特征作为节点的特征,由该特征的不同取值建立子节点,再对子节点递归地调用以上方法,构建决策树,直到所有特征的信息增益均很小或没有特征可以选择为止,最后得到一个决策树。ID3 算法相当于用极大似然法进行概率模型的选择。

1) ID3 算法的特点

优点:理论清晰,方法简单,学习能力较强。

缺点:

(1) 信息增益的计算比较依赖于特征数目比较多的特征。

(2) ID3 为非递增算法。

(3) ID3 为单变量决策树。

(4) 抗糙性差。

2) ID3 算法和决策树的流程

(1) 数据准备:需要对数值型数据进行离散化。

(2) ID3 算法构建决策树时:

① 如果数据类别完全相同,则停止划分。

② 否则,继续划分。

③ 计算信息熵和信息增益来选择最好的数据集划分方法。

④ 划分数据集。

⑤ 创建分支节点。

⑥ 对每个分支判定类别是否相同。若相同则停止划分,若不同则按照上述方法进行划分。

3. 信息熵与信息增益

在信息增益中,重要性的衡量标准就是看特征能够为分类系统带来多少信息,带来的信息越多,该特征就越重要。在认识信息增益之前,先来看信息熵的定义。熵这个概念最早起源于物理学,在物理学中是用来度量一个热力学系统的无序程度的,而在信息学中,熵是对不确定性的度量。1948 年,香农引入了信息熵,将其定义为离散随机事件出现的概率,一个系统越是有序,它的信息熵就越低,反之一个系统越是混乱,它的信息熵就越高。所以信息熵可以被认为是系统有序化程度的一个度量。

假如一个随机变量 X 的取值为 $X = \{x_1, x_2, \cdots, x_n\}$,每一种取到的概率分别是 $\{p_1, p_2, \cdots, p_n\}$,那么 X 的熵定义为 $H(X) = -\sum\limits_{i=1}^{n} p_i \log_2 p_i$。意思是一个变量的变化情况越多,那么它携带的信息量就越大。

对于分类系统来说,类别 C 是变量,它的取值是 $C_1, C_2, \cdots, C_n$,而每一个类别出现的概率分别是 $P(C_1), P(C_2), \cdots, P(C_n)$,这里的 n 就是类别的总数,此时分类系统的熵就可以表示为

$$H(C) = -\sum_{i=1}^{n} P(C_i) \log_2 P(C_i)$$

以上就是信息熵的定义,接下来介绍信息增益。

信息增益是针对一个个特征而言的,就是看一个特征 t,系统有它和没有它时的信息量各是多少,两者的差值就是这个特征给系统带来的信息量,即信息增益。

接下来以天气预报的例子来说明。表 7.1 是描述天气的数据表,学习目标是 play 或者 notplay。

表 7.1　天气预报数据集例子

天　气	气　温	潮　湿　度	风　况	是 否 出 行
晴朗	高	高	无风	否
晴朗	高	高	有风	否
阴天	高	高	无风	是
雨天	中	高	无风	是
雨天	低	中	无风	是
雨天	低	中	有风	否

可以看出,共 14 个样例,包括 9 个正例和 5 个负例。当前信息的熵计算如下:

$$\text{Entropy}(S) = -\frac{9}{14}\log_2 \frac{9}{14} - \frac{5}{14}\log_2 \frac{5}{14} = 0.940286$$

在决策树分类问题中,信息增益就是决策树在进行属性选择划分前和划分后信息的差值。假设利用属性 Outlook 来分类,则如图 7.1 所示。

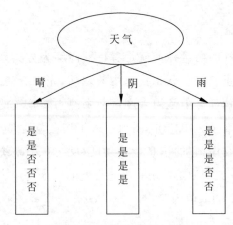

图 7.1 决策树分类示意图

划分后，数据被分为 3 部分，各个分支的信息熵计算如下：

$$\text{Entropy(sunny)} = -\frac{2}{5}\log_2\frac{2}{5} - \frac{3}{5}\log_2\frac{3}{5} = 0.970951$$

$$\text{Entropy(overcast)} = -\frac{4}{4}\log_2\frac{4}{4} - 0 \times \log_2 0 = 0$$

$$\text{Entropy(rainy)} = -\frac{3}{5}\log_2\frac{3}{5} - \frac{2}{5}\log_2\frac{2}{5} = 0.970951$$

划分后的信息熵为：

$$\text{Entropy}(S \mid T) = \frac{5}{14} \times 0.970951 + \frac{4}{14} \times 0 + \frac{5}{14} \times 0.970951 = 0.693536$$

$$\text{Entropy}(S \mid T)$$

代表在特征属性 T 的条件下样本的条件熵。最终得到特征属性带来的信息增益为：

$$\text{IG}(T) = \text{Entropy}(S) - \text{Entropy}(S \mid T) = 0.24675$$

信息增益的计算公式如下：

$$\text{IG}(S \mid T) = \text{Entropy}(S) - \sum_{\text{value}(T)} \frac{|S_v|}{S} \text{Entropy}(S_v)$$

其中 S 为全部样本集合，value(T)是属性 T 所有取值的集合，v 是 T 的其中一个属性值，S_v 是 S 中属性 T 的值为 v 的样例集合，$|S_v|$ 为 S_v 中所含的样例数。

在决策树的每一个非叶节点划分之前，先计算每一个属性所带来的信息增益，选择最大信息增益的属性来划分，因为信息增益越大，区分样本的能力就越强，越具有代表性，很显然这是一种自顶向下的贪心策略。

7.3 实验环境

实验环境如下：

- Linux Ubuntu 16.04。
- Python 3.6。
- sklearn 0.19.0。

7.4　实验内容

　　T餐饮企业作为大型连锁企业,生产的产品种类比较多,涉及的分店所在的位置也不同,数目比较多。对于企业的高层来讲,了解周末和非周末的销售量是否有很大的区别,以及天气、促销活动这些因素是否能够影响门店的销售量等信息至关重要。因此,为了让决策者准确了解和销量有关的一系列影响因素,采用算法构建决策树模型来分析天气、是否周末和是否有促销活动对销量的影响。

7.5　实验步骤

　　实验步骤如下:

　　(1)进入章鱼大数据平台:http://train.ipieuvre.com/。首先在 Linux 上新建/data/python13 目录,并切换到该目录下。

```
sudomkdir - p/data/python13/
cd/data/python13/
```

　　(2)使用 wget 命令,从网址 http://192.168.1.100:60000/allfiles/python13/目录下,将实验所需的数据下载到 Linux 本地/data/python13 目录下。

```
sudo wget http://192.168.1.100:60000/allfiles/python13/sales_data.txt
```

　　(3)新建 Python 项目,名为 python13,如图 7.2 所示。

　　(4)新建 Python file 文件,名为 DT,如图 7.3 所示。

　　(5)导入数据所需的外包。

```
import pandas aspd
fromsklearn.treeimportDecisionTreeClassifierasDTC
fromsklearn.treeimportexport_graphviz
```

　　(6)导入数据。

```
filename = '/data/python13/sales_data.txt'
data = pd.read_csv(filename,index_col = '序号')
```

　　(7)数据预处理。

```
data[data == '好'] = 1
```

图 7.2　新建 Python 项目

图 7.3　新建 Python 文件

```
data[data == '是'] = 1
data[data == '高'] = 1
data[data!= 1] = -1
```

（8）特征提取。

```
x = data.iloc[:,:3].as_matrix().astype(int)
y = data.iloc[:,3].as_matrix().astype(int)
```

（9）建立决策树模型。

```
dtc = DTC(criterion = "gini").fit(x,y)
```

（10）模型可视化。

```
withopen('tree.dot','w')asf:
f = export_graphviz(dtc,feature_names = data.columns,out_file = f)
```

完整代码如下：

```
# - * - coding:utf - 8 - * -
importpandasaspd
fromsklearn.treeimportDecisionTreeClassifierasDTC

filename = '/data/python13/sales_data.txt'
data = pd.read_csv(filename,index_col = '序号')
print(data.columns)
data[data == '好'] = 1
data[data == '是'] = 1
data[data == '高'] = 1
data[data!= 1] = - 1

x = data.iloc[:,:3].as_matrix().astype(int)
y = data.iloc[:,3].as_matrix().astype(int)

dtc = DTC(criterion = "gini").fit(x,y)

fromsklearn.treeimportexport_graphviz

withopen('tree.dot','w')asf:
f = export_graphviz(dtc,feature_names = data.iloc[:,:3].columns,out_file = f)
```

（11）运行结果。可以在当前目录下看到一个名为 tree.dot 的文件，切换到当前项目所在目录下的～/python13 文件下，以如下方式编译，将其转换为可视化文件 tree.png。

```
cd～/python13
dot - Tpngtree.dot - otree.png
```

（12）在 PyCharm 中打开 tree.png 文件，决策树模型如图 7.4 所示。

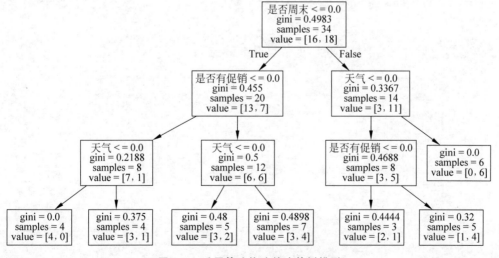

图 7.4　采用算法构建的决策树模型

7.6　思考与总结

　　本章的学习过程展示了如何从零开始搭建 ID3 决策树模型和使用 sklearn 的决策树分类器，学习者可尝试使用 C4.5 算法和 CART 算法来搭建 ID3 决策树模型并使用 sklearn 的决策树回归器来进行模型测试，并比较不同算法之间的差异。

参 考 文 献

[1] NASREEN S,AZAM M A,SHEHAZAD K,et al. Frequent pattern mining algorithms for finding associated frequent patterns for data streams:asurvey[C]. Proceedings of the 5th International Conference on Emerging Ubiquitious Systems and Pervasive Networks(EUSPN-2014),Procedia Computer Science,Canada,2014:109-116.

[2] GAN M,DAI H H. Detecting and monitoring abrupt emergences of episodes over data streams[J]. Information Systems,2014,39(2):277-289.

[3] ZHANG P,ZHOU C. E-tree:efficient indexing structure for ensemble models on data streams [J]. IEEE Transactions on Knowledge and Data Engineering,2015,27(2):461-474.

[4] GHAZIKHANI A,MONSEFI R,YAZDI H S. Ensemble of online neural networks for non-stationary and imbalanced data streams[J]. Neurocomputing,2013,122(5):535-544.

[5] WANG C D,HUANG D. SVStream:a support vector based algorithm for data streams[J]. IEEE Transactions on Knowledge and Data Engineering,2013,25(6):1410-1424.

[6] SU Q,CHEN L. A method for discovering clusters of e-commerce interest patterns using click-stream data[J]. Neurocomputing,2014,122(5):535-544.

[7] 厉颖.计算机网络数据安全策略探究[J].网络安全技术与应用,2014(2):82.

[8] 刘莹.基于数据挖掘的商品销售预测分析[J].科技通报,2014(07):140-143.

[9] 姜晓娟,郭一娜.基于改进聚类的电信客户流失预测分析[J].太原理工大学学报,2014(04):532-536.

[10] 李欣海.随机森林模型在分类与回归分析中的应用[J].应用昆虫学报,2013(04):1190-1197.

[11] 高丽,王丽伟.数据挖掘技术在国内图书馆应用领域的研究[J].数字技术与应用,2015(12):94.

[12] 梁雪霆.数据挖掘技术的计算机网络病毒防御技术研究[J].科技经济市场,2016(01):25.

[13] 阳馨.高校管理中应用数据挖掘技术的途径研究[J].数字技术与应用,2016(01).

[14] 曹军.数据挖掘技术在银行客户关系管理中的应用研究[D].长沙:湖南大学,2013.

[15] 陶惠.数据挖掘技术在医保中的研究与应用[D].合肥:中国科学技术大学,2015.

[16] 刘莹.基于数据挖掘的商品销售预测分析[J].科技通报,2014(07):140-143.

[17] 朱志勇,徐长梅,刘志兵,等.基于贝叶斯网络的客户流失分析研究[J].计算机工程与科学,2013(03):155-158.

[18] 翟健宏,李伟,葛瑞海,等.基于聚类与贝叶斯分类器的网络节点分组算法及评价模型[J].电信科学,2013(02):51-57.

[19] 王曼,施念,花琳琳,等.成组删除法和多重填补法对随机缺失的二分类变量资料处理效果的比较[J].郑州大学学报(医学版),2012(05):642-645.

[20] 黄杰晟,曹永锋.挖掘类改进决策树[J].现代计算机(专业版),2010(01):38-41.

[21] 李净,张范,张智江.数据挖掘技术与电信客户分析[J].信息通信技术,2009(05):43-47.

[22] 武晓岩,李康.基因表达数据判别分析的随机森林方法[J].中国卫生统计,2006(06):491-494.

[23] 张璐.论信息与企业竞争力[J].现代情报,2003(01):65-68.

[24] 杨毅超.基于Web数据挖掘的作物商务平台分析与研究[D].长沙:湖南农业大学,2008.

[25] 徐进华.基于灰色系统理论的数据挖掘及其模型研究[D].北京:北京交通大学,2009.

[26] 俞驰.基于网络数据挖掘的客户获取系统研究[D].西安：西安电子科技大学,2009.

[27] 冯军.数据挖掘在自动外呼系统中的应用[D].北京：北京邮电大学,2009.

[28] 于宝华.基于数据挖掘的高考数据分析[D].天津：天津大学,2009.

[29] 王仁彦.数据挖掘与网站运营管理[D].上海：华东师范大学,2010.

[30] 彭智军.数据挖掘的若干新方法及其在我国证券市场中应用[D].重庆：重庆大学,2005.

[31] 涂继亮.基于数据挖掘的智能客户关系管理系统研究[D].哈尔滨：哈尔滨理工人学,2005.

[32] 贾治国.数据挖掘在高考填报志愿上的应用[D].呼和浩特：内蒙古大学,2005.

[33] 马飞.基于数据挖掘的航运市场预测系统设计及研究[D].大连：大连海事大学,2006.

[34] 周霞.基于云计算的太阳风大数据挖掘分类算法的研究[D].成都：成都理工大学,2014.

[35] 阮伟玲.面向生鲜农产品溯源的基层数据库建设[D].成都：成都理工大学,2015.

[36] 明慧.复合材料加工工艺数据库构建及数据集成[D].大连：大连理工大学,2014.

[37] 陈鹏程.齿轮数控加工工艺数据库开发与数据挖掘研究[D].合肥：合肥工业大学,2014.

[38] 岳雪.基于海量数据挖掘关联测度工具的设计[D].西安：西安财经大学,2014.

[39] 丁翔飞.基于组合变量与重叠区域的 SVM-RFE 方法研究[D].大连：大连理工大学,2014.

[40] 刘士佳.基于 MapReduce 框架的频繁项集挖掘算法研究[D].哈尔滨：哈尔滨理工大学,2015.

[41] 张晓东.全序模块模式下范式分解问题研究[D].哈尔滨：哈尔滨理工大学,2015.

[42] 尚丹丹.基于虚拟机的 Hadoop 分布式聚类挖掘方法研究与应用[D].哈尔滨：哈尔滨理工大学,2015.

[43] 王化楠.一种新的混合遗传的基因聚类方法[D].大连：大连理工大学,2014.